# 柱花草属

## 品种特异性、一致性和稳定性测试操作规程

◎ 高 玲 徐 丽 韩瑞玺 主编

中国农业科学技术出版社

**图书在版编目（CIP）数据**

柱花草属品种特异性、一致性和稳定性测试操作规程 / 高玲，徐丽，韩瑞玺主编. --北京：中国农业科学技术出版社，2021. 8

ISBN 978-7-5116-5434-2

Ⅰ. ①柱… Ⅱ. ①高… ②徐… ③韩… Ⅲ. ①豆科牧草—种质资源 Ⅳ. ①S541.024

中国版本图书馆 CIP 数据核字（2021）第 148222 号

**责任编辑** 倪小勋 穆玉红
**责任校对** 李向荣
**责任印制** 姜义伟 王思文

**出 版 者** 中国农业科学技术出版社
北京市中关村南大街12号 邮编：100081
**电 话** （010）82109707（编辑室） （010）82109702（发行部）
（010）82109709（读者服务部）
**传 真** （010）82109707
**网 址** http: // www.castp.cn
**经 销 者** 各地新华书店
**印 刷 者** 北京建宏印刷有限公司
**开 本** 185 mm×260 mm 1/16
**印 张** 7.25
**字 数** 160千字
**版 次** 2021年8月第1版 2021年8月第1次印刷
**定 价** 68.00元

# 《柱花草属品种特异性、一致性和稳定性测试操作规程》

## 编写人员


| | | | | | |
|---|---|---|---|---|---|
| **主　　编** | 高　玲 | 徐　丽 | 韩瑞玺 | | |
| **副 主 编** | 刘迪发 | 陈　媚 | 丁西鹏 | 冯红玉 | 姚碧娇 |
| **编写人员** | 高　玲 | 徐　丽 | 刘迪发 | 韩瑞玺 | 张如莲 |
| | 陈　媚 | 丁西鹏 | 冯红玉 | 姚碧娇 | 李祥恩 |
| | 符小琴 | 严琳玲 | 应东山 | 李莉萍 | 赵家桔 |
| **摄　　影** | 徐　丽 | 陈　媚 | 符小琴 | | |

# 关于本规程的说明

本规程是《植物品种特异性、一致性和稳定性测试指南　柱花草属》（NY/T 3434—2019）的补充说明，适用于柱花草属品种的DUS测试。

本规程参考以下文件制定：

1.《植物新品种特异性、一致性和稳定性审查及性状统一描述　总则》（TG/1/3）

2.《植物新品种特异性、一致性和稳定性测试　总则》（GB/T 19557. 1）

3.《植物品种特异性、一致性和稳定性测试指南　柱花草属》（NY/T 3434—2019）

4.《DUS测试中统计学方法的应用》（TGP/8）

5.《关于某些生理性状的应用指南》（TGP/12）

本规程主要起草单位：中国热带农业科学院热带作物品种资源研究所/农业农村部植物新品种测试（儋州）分中心、农业农村部科技发展中心/农业农村部植物新品种测试中心。

本规程由国家物种品种资源保护项目“植物新品种DUS测试和标准品种繁殖”“热带植物品种DUS测试及测试技术研究与无性繁殖圃的建设维护”和中国热带农业科学院热带作物品种资源研究所基本科研业务费“植物品种测试技术研究”资助完成。

本规程由柱花草属品种DUS测试概述、近似品种筛选、种植试验安排与田间管理、性状观测与图像采集、柱花草属品种DUS测试中附加性状的选择与应用、DUS测试结果的管理六部分内容组成。因编写水平有限，不足之处敬请指正。

# 目　录

# 第一章
# 柱花草属品种DUS测试概述

## 一、引　言

柱花草（*Stylosanthes guianensis* SW.）是热带多年丛生性豆科植物，又名巴西苜蓿、热带苜蓿、斯太罗，原产于南美洲。因其适应性强、产量高、草质好（其干物质中粗蛋白含量在10%以上）、易于种植等特点，成为热带和亚热带地区广泛种植的优良牧草。

1962年，中国热带农业科学院首次将柱花草引入海南岛。近年来，中国热带农业科学院热带作物品种资源研究所选育出多个适合南方地区种植的柱花草新品种，如184柱花草、热研2号柱花草、热研5号柱花草、热研13号柱花草等，并在海南、广东、广西、云南、福建等我国南方地区大面积推广种植。《植物品种特异性、一致性和稳定性测试指南　柱花草属》对柱花草植物品种测试给予一定的指导，为其新品种权益保护与品种转化提供了技术支撑。

随着柱花草资源丰富度的增加和生物育种技术的应用，柱花草新品种培育的进程加快，加之我国畜牧业高质量发展工作的推进，柱花草新品种的转化应用大幅增加，对品种测试提出了更高的要求。为增强柱花草品种测试技术的实操性，更好地应用于资源评价、品种培育和品种测试，需要对柱花草品种测试技术进行更详细的研究。

特异性、一致性和稳定性（简称DUS）是植物品种的基本属性。植物品种特异性、一致性和稳定性测试（简称DUS测试）是指依据相应植物种属的测试技术标准，通过田间种植试验或室内分析对待测品种的特异性、一致性和稳定性进行评价的过程。DUS测试可以确定某一植物类群是不是一个品种，并对其进行性状（图像）描述，是品种性状描述和定义的基本方法。

同时，DUS测试是一门综合性很强的应用技术，它涉及植物育种学、植物栽培学、植物学、植物分类学、遗传学、植物病理学、植物生理学、分子生物学、生物化学、农业气象学、农业昆虫学、生物统计与试验设计、生物技术等多个学科的知识与方法。作为国际公认的植物品种测试技术，植物品种DUS测试具有理论严谨、技术科学、结论可靠等多方面的优点。因此，DUS测试是品种管理的基础、品种鉴定的重要手段、品种维权执法的技术保障。本章将从基本概念、基本程序与样品管理方面对柱花草DUS测试技术进行介绍。

## 二、基本概念与程序

### （一）基本概念

#### 1. 性状（characteristic）

在国际植物新品种保护联盟（UPOV）相关技术文件中，性状是指可遗传表达的、能明确识别、区分和描述的植物的特征或特性。任何植物都有许多性状，有的是形态学上的特征或特性，有的是生理生化学上的特征或特性。

#### 2. 品种（variety）

根据《国际植物新品种保护联盟（UPOV）公约》1991年文本第1条第6款：品种是已知最低一级的植物分类单位内的单一植物类群（无论是否申请品种权），该植物类群能够通过由某一特定基因型或基因型组合决定的性状表达进行定义；能够通过至少一个上述性状的表达，与任何其他植物类群相区别；具备繁殖后整体特征特性保持不变的特点。

我国新修订的《中华人民共和国种子法》（以下简称为《种子法》）中明确规定：品种是指经过人工选育或者发现并经过改良，形态特征和生物学特性一致，遗传性状相对稳定的植物群体。

#### 3. 一致性（uniformity）

指一个植物品种的特性除可预期的自然变异外，群体内个体间相关的特征或者特性表现一致。针对该植物群体本身而言，判定其个体间表现的均一性。

#### 4. 稳定性（stability）

指一个植物品种经过反复繁殖后或者在特定繁殖周期结束时，其主要性状保持不变。针对该群体自身遗传特性的表现而言。

#### 5. 特异性（也称可区别性，distinctness）

指一个植物品种有一个及以上性状明显区别于已知品种。针对品种之间的比较。

#### 6. 异型株（off-type）

同一品种群体内处于正常生长状态的、但其整体或部分性状与绝大多数典型植株存在明显差异的植株。测试材料中与待测品种完全不同或不相关的植株，既不能将其视为异型株，也不能将其视为该品种，如果这些植株的存在不影响测试所需植株数量或测试进程，则可忽略。反之，则不可忽略。

### （二）基本程序

DUS测试是一项十分严谨的工作，柱花草一般开展至少2个生长周期的田间种植试验，必要时，需要开展第3个生长周期的测试。从测试任务的下达或委托开始到出具测试报告，主要包括6个环节，基本程序见图1-1。

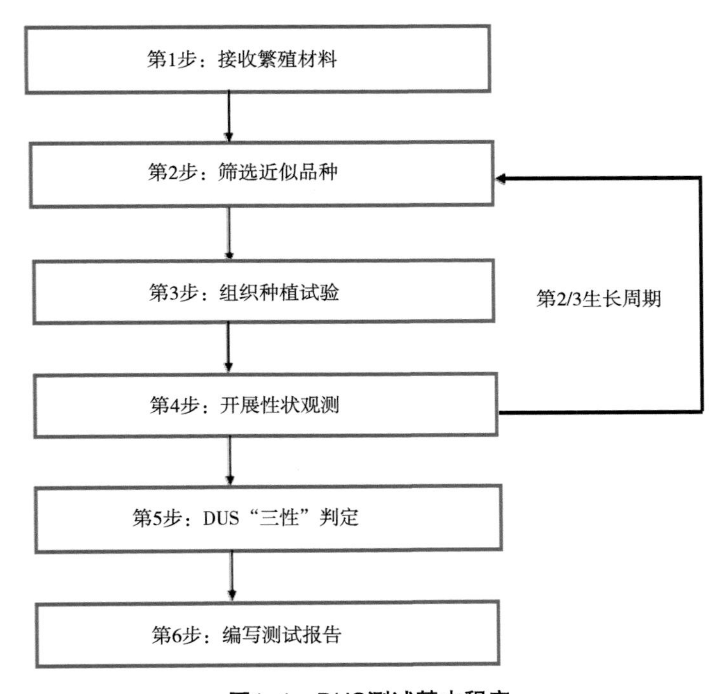


**图1-1　DUS测试基本程序**

目前，柱花草DUS测试可委托官方机构进行集中测试，对于具备条件的单位也可进行自主测试，两种测试途径的流程如下。

#### 1. 委托测试

委托测试是指申请人委托农业农村部授权的DUS测试机构开展DUS测试。柱花草的委托测试，需要按规定进行线上备案和线下签订委托协议。线上备案制可实现全国委托测试的统一管理，保证委托测试的规范性，并有效指导委托单位选择合适的测试机构。线下签订委托协议，是在测试中心的指导框架下进行的，委托人与测试机构对委托具体事项的约定，明确双方责权，确保测试质量（委托测试的具体流程见图1-2）。

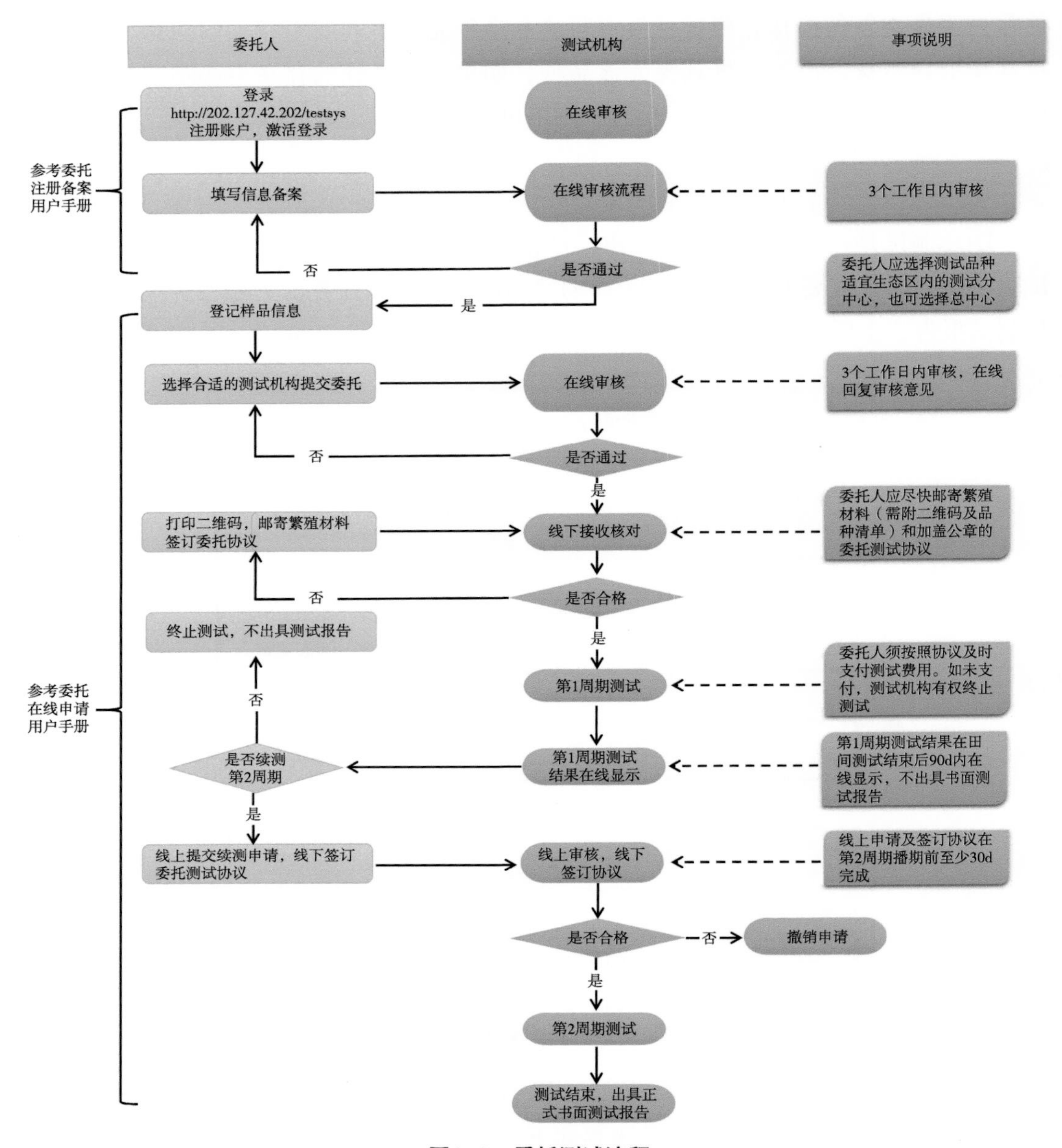


**图1-2　委托测试流程**

2. 自主测试

具备条件的申请者可开展自主DUS测试。自主测试指本单位（或本人）对本单位（或本人）育成或所有的品种开展测试，研究联合体中某单位为其他单位开展DUS测试，不是自主测试。

目前，自主测试无资质要求，自己对结果负责，其报告的可靠性是备受关注的事项。自主测试报告的科学性主要取决于测试设施、测试人员与技术、质量管理体系等多方面因素。因此，自主测试前需要重点考虑以下要素。

（1）是否有专业的测试人员，该测试人员能从试验设计到编制报告，全程进行性状的观测和记录。

（2）该测试人员是否熟悉DUS测试指南，掌握DUS测试原理以及UPOV系列技术文件中的原理、原则，应用到测试过程中指导实际判定。

（3）该测试人员是否有足够的田间经验，尤其是能否准确把握品种描述的尺度。

（4）自身（或依靠其他力量）能否选择出合适的近似品种，并保证近似品种来源渠道可靠。

（5）是否能够获取测试指南中所列的标准品种，并确保来源可靠。

鉴于以上因素，在开展自主测试前，必须加强测试相关知识的学习与积累。开展自主测试的基本流程见图1-3。

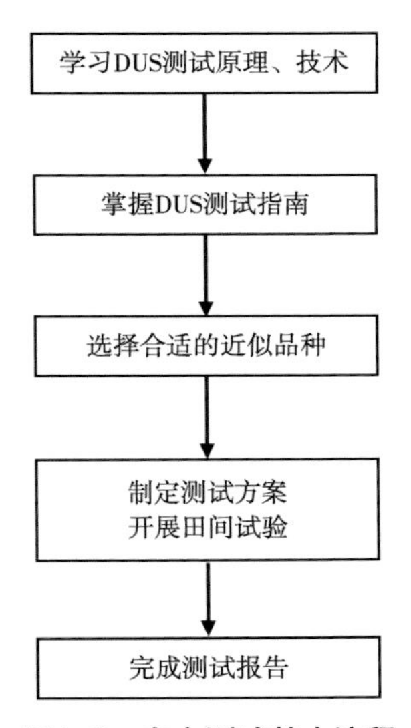


**图1-3　自主测试基本流程**

## 三、测试样品管理

### 1. 样品的来源

目前，测试样品的来源主要分为以下两类。

（1）农业农村部植物新品种保护办公室委托下达的植物新品种保护的DUS测试样品。

（2）其他单位或个人委托的DUS测试样品。

### 2. 样品的类型

根据测试中样品的不同用途，将测试样品分为以下类型。

（1）待测样品（testing sample），即用于申请品种保护（农业农村部植物新品种保护办公室）/审定（国家林草局国审）的品种的样品，由委托方提供。

（2）近似样品（similar sample），又称为比较样品（comparing sample），指在特异性测试过程中相关特征或者特性与待测品种的样品最为相似的品种的样品，可以是委托方提供的样品，也可以是测试机构根据测试的实际需求筛选的样品。只有那些不通过田间种植试验就无法确定是否与待测品种有明显差异的近似品种，才与待测品种种植在一起进行相邻比较。

（3）标准样品（example sample），是指测试指南中列入的用于实例或校正性状表达状态的标准品种的样品。以实例的形式对性状的表达状态进行说明；对矫正年份和地点等引起的性状描述方面的差异、统一品种描述具有重要作用。

（4）已知品种（varieties of common knowledge），指现有的公知公用的品种，它满足品种定义并具有公知性。符合下述情形之一的品种均可认为是已知品种。

——品种繁殖材料或收获材料商品化、品种描述已公开；

——申请保护或官方登记注册的品种，如果获得授权或登记，从申请日起，视为已知品种；

——在公众开放的植物园、苗圃或公园种植活体材料的品种；

——我国新修订的《种子法》规定，已受理申请或者已通过品种审定、品种登记、新品种保护，或者已经销售、推广的植物品种。

3. 样品的数量和质量

柱花草可通过种子或扦插方式繁殖。对于常规品种或杂交品种，一般提供种子，也有部分委托因种子难萌发而提前催芽，提供种苗；对于低育或者不育品种，以种苗形式提供。样品数量和质量具体要求如下（表1-1，图1-4）。

**表1-1　柱花草样品数量和质量要求**

| 样品类型 | 种子 | 扦插苗 |
|---|---|---|
| 样品数量 | ≥5 000粒 | ≥80株 |
| 样品质量 | 外观健康，种子活力高<br>发芽率：圭亚那柱花草≥85%，西卡柱花草≥75%，有钩柱花草≥65%；种子净度≥99%；水分≤12% | 生长健壮，无病虫侵害，整齐一致<br>苗高≥20cm，茎节数≥5节 |

袋　苗

**图1–4　柱花草种苗样品**

4. 样品的接收

（1）农业农村部植物新品种保护办公室下达的DUS测试任务。对于农业农村部植物新品种保护办公室下达的植物新品种保护的DUS测试任务和鉴定任务，由农业农村部植物新品种测试中心（简称测试中心）在每年年初规定的时间内通过植物新品种保护办公系统将任务分配至测试机构（农业农村部植物新品种测试分中心）的任务列表。

分中心负责人根据办公系统中的任务及时确认任务并做好相关准备工作。业务室负责及时沟通繁材的寄送情况和样品签收，第一时间对测试材料进行检查和核对，检查内容包括材料是否完整无破损、材料袋上的品种编号（名称）是否与下达的测试品种任务相符合、材料数量和质量是否满足测试需要、有无缺少或多出的材料等，现场核对人员至少为2人。若出现问题，应尽快与繁材寄送单位和测试中心相关审查员联系，确定解决方案。若无问题，样品签收人员在繁材接收清单（附例1）上签名，交给测试室主任确认签字后将清单寄回测试处，并留备份归入分中心相应的档案。

（2）其他单位和个人委托的DUS测试任务。根据协议，种子或种苗样品可采取面送或邮寄的方式提交，由业务室专人负责样品的接收，仔细核查样品包装、数量、名称等基本信息是否与协议（附例2）、样品委托单（附例3）一致。若无疑议，仔细填写样品接收登记单，表头为“XXX分中心XX年度XX（作物）DUS测试样品接收登记表”，表格内容包括：序号、待测品种名称、近似品种名称、品种类型、测试周期、材料数量、材料来源等（附例4）。如果不一致，应当面或电话沟通，并填写处理意见。不符合样品将按照样品委托单中选择的处理方式（销毁或寄回）或处理意见进行处理，并记录处理结果。

5. 样品流转

（1）农业农村部植物新品种保护办公室下达的DUS测试任务和鉴定任务。技术负责人或测试室主任确认签字后，业务室将样品交给测试室，测试室专人负责测试样品领取，并填写测试样品流转单（附例5）。布置完种植试验，填写测试样品试验栏后将样品流转记录表交回业务室，复核存档。若有剩余样品，须在样品流转记录表中注明剩余量和保存位置交回业务室。

（2）其他单位和个人委托的DUS测试任务。技术负责人或测试室主任确认签字后，业务室予以及时登记，并将核实后的样品交给测试室，测试室专人负责测试样品领取，并填写测试样品流转单。测试室及时安排试验，完成小区种植，填写测试样品试验栏后将样品流转记录表交回业务室。若有剩余样品，须在样品流转记录表中注明剩余量和保存位置交回业务室。

6. 样品的检测

对于柱花草种子样品，若协议或委托单中有样品发芽率检测需求的情况，测试室在接到样品后，先按照柱花草种子检测规程进行种子发芽率检测，出具发芽率检测结果（附例6）。同时，正常幼苗移杯，用于小区种植试验。对于发芽率不合格，不能满足试验要求的样品，及时与任务来源方沟通，重新提交样品，或达成其他处理意见（如推迟测试），并形成相关记录入档。

7. 样品存放

（1）当季测试样品的临时保存。测试室专人领取当季测试样品后，在种植前须安全保存样品。测试样品临时保存时，按不同测试周期进行分组，再按品种类型分类存放，存放时按品种编号由小到大顺序将种子/种苗置于繁殖材料样品室内（种苗存放于专用大棚内），避免无关人员接触。

（2）标准样品/剩余样品的中长期保存。业务室分样后，将标准样品/剩余样品按照编号进行分类保存。对于种子类型的样品，采取低温保存（有性繁殖材料保存库，如图1-5-1），并做好入库记录（附例7-1）；对于种苗类型的样品，采取活体入圃保存（无性繁殖材料保存圃，如图1-5-2），并做好入圃记录（附例7-2），便于样品的规范管理。

8. 样品监测与处理

专人负责入库/入圃样品的动态监测，定期盘点样品存量，整理更新样品信息。对于过期或失活样品，填报样品处理申报单（附例8），按照样品销毁程序予以处理。对于活体保存样品，定期维护更新，出现存量低于警戒量的情况时，及时安排更新补充（活体圃扦插扩繁，如图1-6），并填写无性繁材更新登记表（附例9）。

**图1-5-1　标准样品的低温保存**

**图1-5-2　标准样品的活体保存**

水培扦插苗

装袋扦插苗

**图1-6　活体样品的扦插更新**

# 第二章
# 柱花草属品种DUS测试近似品种筛选

近似品种的筛选原则上是在待测品种测试前或者测试中进行，必要时可以在完成规定测试周期后进行。一个待测品种可能会筛选出一个或多个近似品种。

## 一、测试前的筛选

### 1. 根据背景信息辅助筛选

同种间相互作为近似品种进行比较，如圭亚那柱花草与头状柱花草不能作为近似品种；根据待测样品的育种过程、亲本、品种系谱、文献资料等信息筛选：尤其是该植物品种的已知品种数据库尚未完全建立的情况下，可据此类信息辅助筛选。

### 2. 根据技术问卷性状筛选

从数据库中查找与技术问卷中提供的分组性状表达状态相同的已知品种。通过使用分组性状，选择与待测品种一起种植的近似品种，并把这些近似品种进行分组以方便特异性测试。柱花草属的分组性状如下。①植株：生长型；②植株：生长习性；③茎：毛；④龙骨瓣：端部形状；⑤荚果：喙长度。查找时，质量性状的表达状态应一致，假质量性状的表达状态视性状而定，代码间差异比较明显，则不同代码表示性状差异较大，不宜作为近似品种；代码间差异不明显，则不同代码表示性状差异不大，可作为近似品种。数量性状的表达状态可上下浮动1个代码。操作时视具体性状而定。

### 3. DNA指纹数据辅助筛选

利用已建立的DNA指纹库，对比待测品种和同组的已知品种的基因型数据，选择差异位点数少于阈值的已知品种和其他待测品种结合表型性状筛选近似品种。

将通过以上方式筛选出的近似品种与待测品种进行同组种植，验证技术问卷性状是否与观测到的性状数据一致，验证分组是否正确；并形成待测品种和所筛选近似品种的品种描述，同时，可矫正数据库中近似品种的描述。

## 二、测试中的筛选

根据第1个生长周期测试所形成的品种描述，利用数据与图像进行近似品种的筛选。

如果技术问卷性状与观测到的性状数据一致，即第1测试周期的分组正确时，采用代码比较法，在同一组内进行比较，将质量性状不同，假质量性状有明显差异，数量性状表达状态差异大于2个代码的品种排除，筛选出该待测品种的最近似品种，进行第2个生长周期的测试。

同时，利用第1个生长周期测试得到的品种描述与其他组别测试品种（同期测试品种）进行代码比对，排除质量性状表达状态不同，假质量性状有明显差异，数量性状表达状态差异大于等于2个代码的品种，筛选得到的近似品种与前面确定的最近似品种作为同一组测试材料进行第2个生长周期的测试。

如果技术问卷性状与观测到的性状数据不一致，即第1个测试周期的分组不正确时，则根据第1个周期测试所得的待测品种的性状描述与数据库中已知品种测试性状数据和当年其他组别的测试样品的性状数据进行比对，重新筛选该待测品种的最近似品种，进行第2个周期的测试。

## 三、测试后的筛选

在编制和审核测试报告时进行筛选，对待测品种的特异性作出判定。当完成规定的测试周期后，出现2个周期性状表达状态不一致或近似品种的表达状态与数据库中的描述不符等异常情况时，需要再次进行近似品种的筛选，并延长测试周期。

以上所有近似品种的筛选记录均须提交档案室归档。

## 四、筛选案例

待测品种2021-01A在已知品种库及测试库中对所有性状设置条件：假质量性状（PQ）不相等，数量性状（QN）≤2，质量性状（QL）相等，筛选出13个品种，其品种编号及代码见表2-1。

根据该近似品种清单，通过代码比较法，从整体到局部的顺序，逐个排除，筛选出最近似品种，筛选流程如下。

根据“性状1　幼苗：下胚轴花青甙显色强度（QN）”，品种2020-16、2020-19与待测品种2021-01A有2个代码的明显差异，因此排除品种2020-16、2020-19。

**表2-1　2021-01A近似品种筛选清单**

| 序号 | 性状 | 2021-01A | 2020-11 | 2020-12 | 2020-13 | 2020-14 | 2020-15 | 2020-16 | 2020-17 | 2020-18 | 2020-19 | 2020-20 | 2020-21 | 2020-22 | 2020-23 |
|---|---|---|---|---|---|---|---|---|---|---|---|---|---|---|---|
| 1 | 幼苗：下胚轴花青甙显色强度 | 3 | 2 | 3 | 3 | 2 | 2 | 1 | 4 | 4 | 1 | 3 | 3 | 3 | 3 |
| 2 | 植株：生长型 | 2 | 2 | 2 | 2 | 2 | 2 | 2 | 2 | 2 | 2 | 2 | 2 | 2 | 2 |
| 3.2 | 仅适用于草本品种植株：生长习性 | 2 | 2 | 2 | 2 | 2 | 1 | 2 | 2 | 2 | 2 | 2 | 2 | 2 | 3 |
| 4 | 植株：草层高度 | 3 | 4 | 3 | 3 | 2 | 3 | 1 | 3 | 3 | 2 | 2 | 3 | 3 | 3 |
| 5 | 茎：毛 | 9 | 9 | 9 | 9 | 9 | 9 | 9 | 9 | 9 | 9 | 9 | 9 | 9 | 9 |
| 6 | 茎：柔毛 | 3 | 3 | 3 | 3 | 3 | 3 | 3 | 3 | 3 | 3 | 3 | 3 | 3 | 3 |
| 7 | 茎：刚毛 | 3 | 3 | 3 | 3 | 3 | 3 | 3 | 3 | 3 | 3 | 3 | 3 | 3 | 3 |
| 8 | 茎：腺毛 | 1 | 1 | 1 | 1 | 1 | 2 | 2 | 2 | 2 | 1 | 1 | 1 | 1 | 1 |
| 9 | 茎：颜色 | 2 | 2 | 3 | 2 | 1 | 2 | 2 | 3 | 3 | 1 | 2 | 2 | 4 | 2 |
| 10 | 茎：托叶显色程度 | 3 | 2 | 2 | 4 | 2 | 1 | 2 | 3 | 5 | 3 | 3 | 4 | 4 | 4 |
| 11 | 叶片：绿色程度 | 2 | 2 | 1 | 2 | 2 | 3 | 2 | 2 | 2 | 2 | 2 | 2 | 2 | 2 |
| 12 | 小叶：形状 | 3 | 2 | 3 | 3 | 1 | 3 | 3 | 3 | 3 | 3 | 3 | 3 | 3 | 3 |
| 13 | 小叶：长度 | 2 | 2 | 2 | 1 | 1 | 1 | 3 | 3 | 3 | 3 | 3 | 1 | 1 | 1 |
| 14 | 小叶：宽度 | 2 | 2 | 2 | 1 | 2 | 3 | 3 | 3 | 3 | 3 | 3 | 1 | 1 | 1 |
| 15 | 叶：类型 | 1 | 1 | 1 | 1 | 1 | 1 | 1 | 1 | 1 | 1 | 1 | 1 | 1 | 1 |

（续表）

| 序号 | 性状 | 2021–01A | 2020–11 | 2020–12 | 2020–13 | 2020–14 | 2020–15 | 2020–16 | 2020–17 | 2020–18 | 2020–19 | 2020–20 | 2020–21 | 2020–22 | 2020–23 |
|---|---|---|---|---|---|---|---|---|---|---|---|---|---|---|---|
| 16 | 始花期 | 3 | 2 | 3 | 3 | 3 | 1 | 3 | 5 | 3 | 3 | 3 | 3 | 3 | 3 |
| 17 | 花序：类型 | 1 | 1 | 1 | 1 | 1 | 1 | 1 | 1 | 1 | 1 | 1 | 1 | 1 | 1 |
| 18 | 小花：着生方式 | 1 | 1 | 1 | 1 | 1 | 1 | 1 | 1 | 1 | 1 | 1 | 1 | 1 | 1 |
| 19 | 花：大小 | 2 | 2 | 2 | 1 | 2 | 1 | 2 | 2 | 2 | 2 | 2 | 1 | 3 | 3 |
| 20 | 旗瓣：条斑 | 2 | 3 | 3 | 3 | 2 | 2 | 2 | 1 | 2 | 3 | 3 | 3 | 3 | 3 |
| 21 | 旗瓣：颜色 | 3 | 3 | 2 | 3 | 4 | 2 | 4 | 3 | 3 | 3 | 3 | 3 | 2 | 3 |
| 22 | 龙骨瓣：端部形状 | 1 | 1 | 1 | 1 | 1 | 1 | 1 | 1 | 1 | 1 | 1 | 1 | 1 | 1 |
| 23 | 花: 托叶毛显色程度 | 5 | 4 | 5 | 6 | 4 | 5 | 6 | 5 | 3 | 4 | 6 | 6 | 6 | 6 |
| 24 | 荚果：形状 | 2 | 2 | 2 | 2 | 3 | 3 | 2 | 2 | 2 | 3 | 2 | 3 | 3 | 3 |
| 25 | 荚果：喙长度 | 1 | 1 | 1 | 1 | 1 | 1 | 1 | 1 | 3 | 1 | 2 | 1 | 1 | 1 |
| 26 | 荚果：柔毛 | 9 | 9 | 9 | 9 | 9 | 9 | 9 | 9 | 9 | 9 | 9 | 9 | 9 | 9 |
| 27 | 仅适用于荚果形状为念珠状的有毛品种 荚果: 柔毛分布 | | | | | | | | | | | | | | |
| 28 | 种子：形状 | 2 | 2 | 2 | 2 | 3 | 2 | 4 | 4 | 2 | 2 | 3 | 3 | 3 | 2 |
| 29 | 种皮：颜色 | 2 | 2 | 2 | 1 | 1 | 2 | 3 | 1 | 2 | 3 | 1 | 1 | 1 | 1 |
| 30 | 种皮：斑纹 | 1 | 1 | 1 | 1 | 1 | 1 | 1 | 1 | 1 | 1 | 1 | 1 | 1 | 1 |

根据“性状3.2　仅适用于草本品种　植株：生长习性（QN）”，该性状虽为数量性状，但在田间观测时，1个代码的差异也较为明显，因此1个代码的差异也可视为明显差异，因此排除品种2020-15、2020-23。

根据：“性状11　叶片：绿色程度（QN）”，该性状虽为数量性状，但在田间观测时，1个代码的差异也较为明显，因此该性状1个代码的差异也可视为明显差异，因此排除品种2020-12。

根据“性状16　始花期（QN）”品种2020-11虽与待测品种只有1个代码的差异，但其1个代码之间始花期间隔20～30天，田间差异较为明显，因此排除品种2020-11。2020-17与待测品种有2个代码的明显差异，也排除。

根据“性状9　茎：颜色（PQ）”，品种2020-22茎颜色为代码4：紫红色，与待测品种的代码2：中等绿色，不是一个色系，差异较大，因此排除该品种。

根据“性状10　茎：托叶显色程度（QN）”，品种2020-18与待测品种有2个代码的差异，差异较明显，因此排除该品种。

根据“性状12　小叶：形状（PQ）”，品种2020-11为代码2：卵圆形，品种2020-14为代码1：披针形，与待测品种的代码3：椭圆形，差异较大，因此排除品种2020-11、2020-14。

经过上述步骤，仅剩品种2020-13、2020-20、2020-21。根据“性状25　荚果：喙长度（QN）”，品种2020-20代码为2，待测品种代码为1，虽然只相差1个代码的差异，但代码间差异较为明显，因此排除品种2020-20。

综上可知，待测品种2021-01A的近似品种为2020-13、2020-21。3个品种的性状对比与有差异性状见表2-2。

表2-2　2021-01A与近似品种差异对比

| 序号 | 性状 | 2021-01A | 2020-13 | 2020-21 |
|---|---|---|---|---|
| 1 | 幼苗：下胚轴花青甙显色强度 | 3 | 3 | 3 |
| 2 | 植株：生长型 | 2 | 2 | 2 |
| 3.2 | 仅适用于草本品种　植株：生长习性 | 2 | 2 | 2 |
| 4 | 植株：草层高度 | 3 | 3 | 3 |
| 5 | 茎：毛 | 9 | 9 | 9 |
| 6 | 茎：柔毛 | 3 | 3 | 3 |
| 7 | 茎：刚毛 | 3 | 3 | 3 |
| 8 | 茎：腺毛 | 1 | 1 | 1 |

（续表）

| 序号 | 性状 | 2021-01A | 2020-13 | 2020-21 |
|---|---|---|---|---|
| 9 | 茎：颜色 | 2 | 2 | 2 |
| 10 | 茎：托叶显色程度 | 3 | 4 | 4 |
| 11 | 叶片：绿色程度 | 2 | 2 | 2 |
| 12 | 小叶：形状 | 3 | 3 | 3 |
| 13 | 小叶：长度 | 2 | 1 | 1 |
| 14 | 小叶：宽度 | 2 | 1 | 1 |
| 15 | 叶：类型 | 1 | 1 | 1 |
| 16 | 始花期 | 3 | 3 | 3 |
| 17 | 花序：类型 | 1 | 1 | 1 |
| 18 | 小花：着生方式 | 1 | 1 | 1 |
| 19 | 花：大小 | 2 | 1 | 1 |
| 20 | 旗瓣：条斑 | 2 | 3 | 3 |
| 21 | 旗瓣：颜色 | 3 | 3 | 3 |
| 22 | 龙骨瓣：端部形状 | 1 | 1 | 1 |
| 23 | 花：托叶毛显色程度 | 5 | 6 | 6 |
| 24 | 荚果：形状 | 2 | 2 | 3 |
| 25 | 荚果：喙长度 | 1 | 1 | 1 |
| 26 | 荚果：柔毛 | 9 | 9 | 9 |
| 27 | 仅适用于荚果形状为念珠状的有毛品种<br>荚果：柔毛分布 | | | |
| 28 | 种子：形状 | 2 | 2 | 3 |
| 29 | 种皮：颜色 | 2 | 1 | 1 |
| 30 | 种皮：斑纹 | 1 | 1 | 1 |

# 第三章
# 柱花草属品种DUS测试种植试验安排与田间管理

## 一、制定试验方案

测试员根据测试任务、柱花草DUS测试指南的要求以及柱花草的生长习性，制定田间种植试验管理方案，内容包括田间试验设计、待测品种田间种植清单、田间种植平面图、田间栽培管理措施、观测方法及相关表格制作等。

### 1. 田间试验设计

主要包括试验地的选择、地块面积、种植方式、区组划分、小区面积、株距、行距、每小区种植株数、重复的设计以及标准品种的种植设计等。试验地的选择应该充分考虑环境条件和试验地的土质能否满足待测品种植株的正常生长以及性状的正常表达。为了方便田间管理和测试观测，不同测试周期的待测品种应分组布置。如果待测品种量较大，第1测试周期的待测品种和第2测试周期的待测品种可考虑分2个批次分别进行种植。

种植方式：育苗移栽或者种苗扦插移栽。

株距：60 ~ 80cm。

行距：80 ~ 100cm。

小区种植株数：保护地栽培不少于20株，露地栽培不少于35株。

待测品种和近似品种相邻种植，标准品种与测试品种要种于同一地块里。

### 2. 编写田间种植清单

表头为“XX年度柱花草DUS测试品种田间排列种植单”。内容包括：序号、区号、品种名称、小区行数、测试周期、第几个重复、品种类型等（附例10）。

3. 绘制田间种植平面图

编写好田间种植清单后，根据试验地的具体情况以及田间试验设计，绘制田间种植平面图，可手绘也可电脑绘图。平面图中需详细标注清楚试验地的长、宽、区组划分、小区行数、小区排列、区间隔离作物以及四周保护行面积等（附例11）。

## 二、田间管理

1. 试验地准备

选择地势平坦、大小适宜，排灌方便、土质疏松均匀且土壤质量能代表当地柱花草主要种植区的土壤特性的地块。根据种植时间安排提前进行除草、翻耕、平整等，提前准备好试验地备用。

2. 划区

根据种植时间提前1～2d，按照已绘制好的田间种植平面图和每个小区的大小，对备耕好试验地进行划区。小区划分好后，需在每个小区插上标签牌，标签牌上写明小区编号和品种编号，同时核对以保证试验地块的田间布置和小区排列顺序与种植平面图一致。

3. 种植

（1）育苗。柱花草种植时间一般在3—4月，故育苗需提前1～2个月进行。可种子育苗移栽也可扦插育苗移栽。不管使用哪种方式育苗，均需做好标签，写好各品种编号，并且做好水分管理，保证苗的成活率。待苗高20～25cm时移栽。

使用种子育苗移栽，为保证出苗整齐，播种前种子一般先进行催芽。使用温汤浸种的方法，即80℃热水浸泡2～3min，然后40℃左右的温水浸泡6～8h，置于30℃左右的恒温培养箱中催芽。待80%以上种子露白后即可进行播种。

使用扦插育苗移栽时，插条切成斜口，每个插条含3～4个茎节，每个育苗杯插3～5个插条，每个插条入土1～2个茎节。

（2）种植。移栽定植一般选择阴天或者晴天的下午进行。种植前按照设定的株行距打好种植穴，将需要移栽的苗按照对应的品种编号摆放在小区上。注意核对育苗盘或育苗杯上的品种编号和种植小区的标签牌编号一致后方可进行种植。种植前育苗盘或育苗杯浇透水，种植时选择大小一致，无病虫害植株，剔除弱小植株，带土移栽。拔苗时注意尽量减少根部伤害，定植深度适宜，并浇足定根水。

4. 田间管理

同一时期的各种植小区的田间管理应保持一致，同一管理措施应在同一天完成。

管理应及时恰当，并且不能使用除草剂、生长调节剂等影响植物正常生长的药品。

（1）补苗。种植后10～15d观察苗的生长情况，及时进行补苗以保证每个小区的种植株数。

（2）中耕除草。柱花草种植前期生长较为缓慢，要及时进行中耕除草。一般移栽定植20天左右进行第一次人工除草，以后视杂草的生长情况及时进行中耕除草。中耕除草整个生长周期应不少于2次。

（3）肥水管理。

**水分管理** 刚种植的柱花草需及时浇水保证苗的成活，根据天气情况2～3d需浇水一次。待苗成活后可逐渐减少浇水次数，成苗后一般不需浇水，但遇到长时间干旱则需注意补给水分。值得注意的是，柱花草耐旱但不耐积水。如果土壤水分过多或者长时间积水时，要注意排水。雨季要保证排水沟通畅。

**施肥管理** 柱花草对土壤要求不严，耐贫瘠，同时由于其属于豆科草本植物，本身具有根瘤菌共生固氮作用，因而种植时施足底肥，可不用进行追肥。底肥的用量为有机肥15 000～20 000kg/hm$^2$，复合肥600～800kg/hm$^2$。在平地开沟前，将底肥均匀铺洒在地面，然后深耕入土，反复耕耙使土肥均匀即可。

（4）病虫害防治。柱花草病虫害为害较少，病害主要有炭疽病、茎腐病、叶腐病、花叶病等，其中炭疽病是为害柱花草最为严重的病害。虫害主要有蚜虫、蓟马、甜菜夜蛾、斜纹夜蛾、蛴螬、蝼蛄、蝗虫、地老虎等。

**炭疽病** 柱花草炭疽病主要由半知菌亚门刺盘孢属的胶孢炭疽菌（*Colletotrichum gloeosporioides*）引起，主要为害叶片、叶柄、花序和茎秆。发病初期，染病部位会出现褐色不规则病斑，病斑边缘为深褐色或者墨绿色，病健交界处为暗褐色或者黑色晕圈。发病后期，叶片开始逐渐发黄、坏死脱落，叶柄、茎秆或者顶芽枯萎，花序萎蔫败落，严重时导致幼苗甚至整棵植株死亡（图3-1）。

**图3-1　柱花草炭疽病症状**

炭疽病的防治采取“以预防为主，防治结合”的方式。采用种子育苗时，种子经80℃浸泡2～3min，然后用稀释500倍液的多菌灵溶液浸泡约10min，可有效去除种子携带的炭疽病菌，有效降低后期的发病率。炭疽病多发生在高温高湿的天气，因而在长期阴雨天气或台风过后，需及时清理枯枝烂叶，做好排水、排湿，并全面喷洒杀菌剂进行消毒。一旦发现炭疽病为害后，减少浇水次数，及时摘除病叶，并用百菌清、多菌灵或炭疽福美等杀菌剂稀释500～800倍液，每7d喷雾1次，可有效达到防治效果。

**茎腐病**　柱花草茎腐病由齐整小核菌（*Sclerotium rolfsii*）侵染引起，染病植株茎的近地面部分尤其是基部常见一层白色的菌丝，有时可看到褐色小菌核。病株茎基部先出现水渍状不规则病斑，然后表皮开始腐烂，随着菌丝不断增多，植株表皮腐烂面积不断增大，叶片逐渐变黄脱落，最后植株萎蔫、死亡（图3-2）。

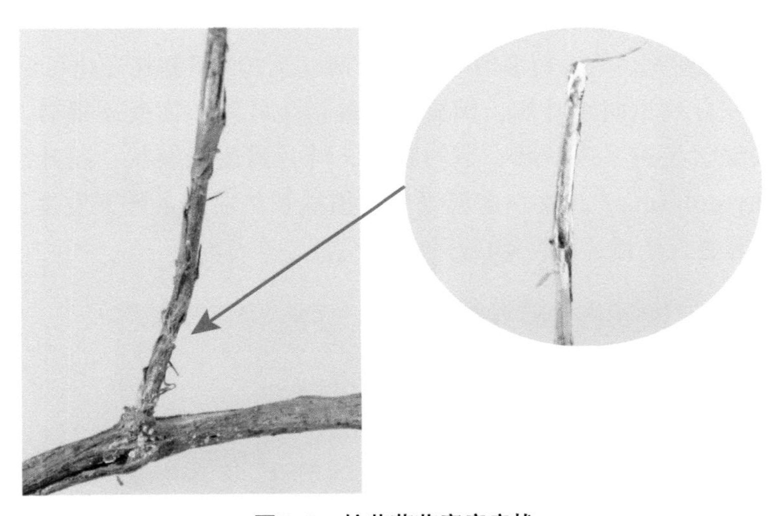

**图3-2　柱花草茎腐病症状**

在高温、高湿、土壤湿度大、通风透光性不好的情况下容易发生茎腐病。因而在管理措施上尤其要注意避免连作及种植过密，精细管理，注意通风和加强光照，减少致病菌核的适生条件，从源头上预防。在发病初期，少量植株出现病状时，要及时扒开根部附近土壤，使用50%石灰水灌根进行消毒。同时，用已消毒过的小刀削除感病部位的皮层和组织，并选择25%三唑酮可湿性粉剂、福美双、30%甲霜·恶霉灵、多菌灵等1～2种药剂稀释100～200倍后涂抹病部直至其伤口变干。也可用上述药剂的800～1 000倍液每7d喷雾1次进行防治。

**叶腐病**　柱花草叶腐病病原菌为半知菌亚门真菌立枯丝核菌（*Rhizoctonia solani*），也叫丝核叶疫病，常发生在多雨季节或湿度过大的环境，主要为害叶片。染病叶片病斑呈水渍状，严重时大量叶片腐烂、坏死，病部常见白色或灰色菌丝（图3-3）。

图3-3 柱花草叶腐病症状

常见的杀菌剂对柱花草叶腐病均有防治效果。在发病初期，发现有感病植株应立即拔除，并用杀菌剂及时进行消毒。可用防治药剂有：50%多菌灵可湿性粉剂、65%代森锌可湿性粉剂、75%百菌清可湿性粉剂以及70%甲基托布津可湿性粉剂等。

**花叶病** 花叶病也叫小叶病，因染病植株新生叶片小而质硬得名。常见症状：小叶，叶片失绿、发白呈斑驳状，节间缩短，叶片聚生呈簇状。花叶病致病病原菌为植原体（phytoplasma），常在高温干旱、植株长势弱的条件下发生，主要靠昆虫或者机械摩擦等进行传播（图3-4）。

图3-4 柱花草花叶病症状

花叶病的防治措施主要有：加强肥水管理，恢复树势；清除田间杂草，减少昆虫滋生环境；小心耕作，尽量避免对植株的机械损伤；定期喷施杀虫剂、植病灵乳剂（800～1 000倍液）或盐酸吗啉胍乙酸铜可湿性粉剂（400～500倍液）等进行化学防治。

**花腐病** 柱花草花腐病由接合菌亚门真菌匍枝根霉（*Rhizopus stolonifer*）引起，常为害花序和幼苗。染病初期花序苞片或花梗上出现坏死斑，后棕褐色病斑逐渐蔓延到茎，严重时造成花序坏死（图3-5）。有时花序上会出现白色菌丝体和孢子囊。

柱花草花腐病的病原菌匍枝根霉菌是一种常见的腐生菌，喜欢在温暖潮湿的环境中生长与传播，同时种子较易携带此类病菌，所以，种子繁殖前用1%次氯酸钠或80%代森锰锌可湿性粉剂500倍液浸泡8～10min可有效降低苗期发病率。平时加强管理，避免浇水过多而滋生病菌。发病初期或始花期，可用50%异菌脲可湿性粉剂300～500倍液每7～10d喷雾1次，连续喷3次可有效达到防治效果。

图3-5　柱花草花腐病症状

**虫害**　虫害的防治总体原则是以防为主，通过深翻、晾晒土壤，及时清除田间杂草和枯枝烂叶，消灭越冬成虫和若虫，从而减少虫源。还可以利用一些害虫的趋向性进行诱杀，必要时再采用化学药剂进行防控。以下是常见害虫的防治方法。

蚜虫、蓟马类（图3-6，图3-7）：可用10%吡虫啉可湿性粉剂1 000倍液、5%啶虫脒乳油2 000～2 400倍液或者50%辛硫磷乳油100倍液进行喷雾。蓟马还可以利用驱蓝色的习性，悬挂蓝色粘板进行诱杀。

图3-6　蚜虫为害柱花草花

图3-7　蓟马为害柱花草花

蛾类（图3-8，图3-9）：主要以幼虫为害叶片和花序，影响植株的光合作用以及结实率。田间发现虫卵时，要及时摘除并集中销毁。成虫可利用其趋光性和趋食性有针对地进行诱杀。化学防控使用2.5%溴氰菊酯乳油3 000倍液或50%辛硫磷乳油1 500倍液或15%菜虫净乳油1 500倍液等喷施植株的各部位，尤其注意叶片背面也要喷施到位。

图3-8　斜纹夜蛾幼虫

图3-9　鹿蛾成虫

蝗虫、蚱蜢类（图3-10，图3-11）：主要为害柱花草叶片，影响植株的正常生长。蝗虫和蚱蜢大面积为害的暴发有一个潜育期，因而一旦发现有零星为害时要及时做好防控，在1～3龄前进行防治效果最好，此时虫体小，不会迁飞且抗药性差，是杀灭的最好时机。刚发现有成虫为害时，可用5%丁烯氟虫腈乳油800倍液或者4.5%高效氯氰菊酯乳油1 500～2 000倍液均匀喷雾进行防治。

图3-10　蝗虫成虫

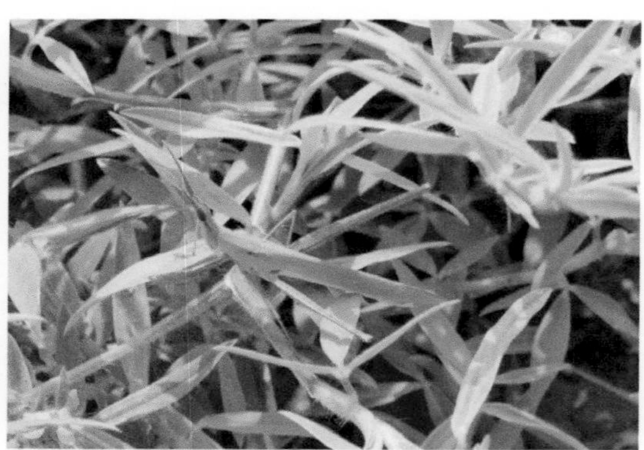

图3-11　蚱蜢成虫

叶甲类（图3-12）：主要为害柱花草的叶片和花。及时清扫种植地的枯枝落叶，清理杂草并集中烧毁可有效消灭蛹、幼虫或者越冬成虫。药剂防治一般在越冬成虫活动产卵的高峰期或幼虫幼龄期进行。用药需及时，在零星叶片有为害状时即开始用药防治。使用4.5%高效氯氰菊酯乳油1 500～2 000倍液，20%甲氰菊酯乳油1 000～2 000倍液或者90%敌百虫晶体1 000倍液进行喷雾均可以达到较好的防治效果。

图3-12　叶甲类害虫为害柱花草花和叶片

地下害虫类：包括蛴螬、蝼蛄和地老虎等。常为害柱花草根部，茎及幼嫩组织，严重时会引起植株死亡。蛴螬的防治可在移栽定植前，用10%辛硫磷颗粒剂，按每亩[①]1.5～2.0kg的量与底肥混合均匀，一并施入地里；发现幼虫为害后，可用75%辛硫磷乳油1 000倍液或90%敌百虫晶体1 000倍液进行灌根，每株约100g。蝼蛄具有趋光性，可用灯光进行诱捕，集中杀灭；必要时可使用毒饵进行诱杀。具体方法是：按照饵料重量的1%的比例将40%乐果乳油或90%敌百虫适量兑水后，拌入炒香的麦麸或豆饼等饵料，稍加堆闷，撒施在蝼蛄常出入的洞口，每亩毒饵用量1.0～1.5kg。地老虎的防治通常都在傍晚害虫出土之际进行，可以参照诱杀蝼蛄的方法制作毒饵，也可以用50%辛硫磷乳油稀释1 000倍后进行喷雾。

①1亩≈667m$^2$，全书余同。

# 第四章 柱花草属品种DUS测试性状观测与图像采集

## 一、基本要求

1. 前期准备

性状是测试的基础，列入指南的测试性状分为基本性状和选测性状。测试时，依据《植物品种特异性、一致性和稳定性测试指南　柱花草属》总体的技术要求，参照本操作规程对性状进行准确描述。性状观测前，提前制定好“××年度柱花草属测试品种生育期记录表”（附例12）、“××年度柱花草属测试品种目测性状记录表”（附例13）、“××年度柱花草属测试品种图像数据采集记录表”（附例14）、“××年度柱花草属种子收获记录表”（附例15）、“××年度柱花草属测试品种栽培管理记录及汇总表”（附例16）等系列记录表。在指南规定的观测时期进行性状观察，做好数据记录和工作记录（非常重要的原始档案），原始记录必须经过复核和审核。

2. 观测时期

性状观测应在《植物品种特异性、一致性和稳定性测试指南　柱花草属》表A.1和表A.2列出的生育阶段进行。生育阶段描述见表4-1。

柱花草属在儋州地区一般9月开始开花（早熟品种提前1～2个月），一个月后达到盛花期，从开花至种子成熟约需1个月。整个种子成熟期长达4～5个月。柱花草属测试性状的观测主要集中在开花和种子成熟期。柱花草属在温度光照条件适宜情况下，可多次开花结荚。

**表4–1　柱花草属生育阶段描述**

| 生育阶段代码 | 描述 |
| --- | --- |
| 05 | 20%子叶展开 |
| 25 | 小区50%幼苗长出6～7片叶 |
| 33 | 小区30%幼苗主茎长出侧枝 |
| 35 | 小区50%植株主茎长出侧枝 |
| 41 | 小区50%植株出现花蕾 |
| 43 | 小区10%植株开花 |
| 45 | 小区≥50%植株开花 |
| 53 | 小区30%植株结荚 |
| 62 | 小区10%植株种子成熟 |
| 68 | 小区75%植株种子成熟 |

3. 观测方法

性状观测按照《植物品种特异性、一致性和稳定性测试指南　柱花草属》表A.1和表A.2规定的观测方法（VG、MG、MS）进行。具体性状的观测方法和分级标准详见本章的“性状调查与分级标准”。

4. 观测数量

除非另有说明，个体观测性状（MS）植株取样数量不少于5株，在观测植株的器官或部位时，每个植株取样数量应为3个。群体观测性状（VG、MG）应观测整个小区或规定大小的混合样本。

5. 数量性状分级标准

不同的生态区域，应根据标准品种性状的表达情况和本生态区域的品种特性，制定一套适合本生态区域的数量性状的分级标准。本章数量性状分级为海南儋州分级标准。

需特别注意的是，对于某一个测试点，数量性状的分级标准还应根据本年度标准品种性状的表达情况做适当的调整。

## 二、性状调查与分级标准

### （一）基本性状观测与分级

**性状1** 幼苗：下胚轴花青甙显色强度

性状类型：QN。

观测时期：20%子叶展开（05）。

观测部位：下胚轴。

观测方法：目测下胚轴花青甙显色强度。观测整个小区，对照标准品种/参考图片，按表4-2进行分级。如小区内性状表达不一致，应调查其一致性。

**表4-2 幼苗：下胚轴花青甙显色强度分级**

| 表达状态 | 无或弱 | 弱到中 | 中 | 中到强 | 强 |
|---|---|---|---|---|---|
| 代码 | 1 | 2 | 3 | 4 | 5 |
| 标准品种 | Verano/有钩 | | 热研5号 | | 热研2号 |
| 参考图片 | | | | | |

**性状2** 植株：生长型

性状类型：QL。

观测时期：小区50%植株主茎长出侧枝（35）。

观测部位：植株。

观测方法：目测植株生长类型。观测整个小区，对照标准品种/参考图片，按表4-3进行分级。如小区内性状表达不一致，应调查其一致性。

**表4-3 植株：生长型分级**

| 表达状态 | 半灌木 | 草本 |
|---|---|---|
| 代码 | 1 | 2 |
| 标准品种 | 库克 | 热研2号 |

（续表）

| 表达状态 | 半灌木 | 草本 |
|---|---|---|
| 参考图片 | 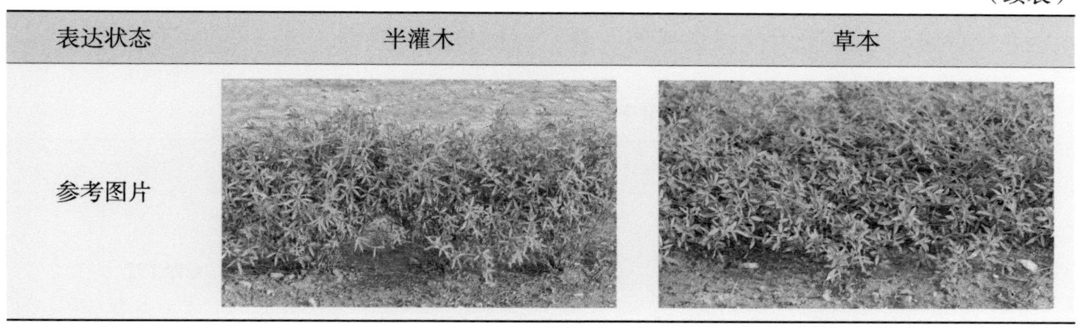 | |

## 性状3.1 仅适用于半灌木品种　植株：生长习性

性状类型：QN。

观测时期：小区50%植株主茎长出侧枝（35）。

观测部位：植株。

观测方法：目测植株生长习性。观测整个小区，对照标准品种/参考图片，按表4-4进行分级。如小区内性状表达不一致，应调查其一致性。

**表4-4　仅适用于半灌木品种　植株：生长习性分级**

| 表达状态 | 直立 | 半直立 | 平展 |
|---|---|---|---|
| 代码 | 1 | 2 | 3 |
| 标准品种 | | 西卡 | 品63 |
| 参考图片 | | | |

## 性状3.2 仅适用于草本品种　植株：生长习性

性状类型：QN。

观测时期：小区50%植株主茎长出侧枝（35）。

观测部位：植株。

观测方法：目测植株生长习性。观测整个小区，对照标准品种/参考图片，按表4-5进行分级。如小区内性状表达不一致，应调查其一致性。

**表4-5　仅适用于草本品种　植株：生长习性分级**

| 表达状态 | 直立 | 半匍匐 | 匍匐 |
|---|---|---|---|
| 代码 | 1 | 2 | 3 |
| 标准品种 | 热研7号 | 澳克雷 | CIAT32 |
| 参考图片 |  |  |  |

## 性状4　植株：草层高度

性状类型：QN。

观测时期：小区10%植株开花（43）。

观测部位：植株。

观测方法：目测植株草层高度。观测整个小区，对照标准品种/参考分级标准，按表4-6进行分级。如小区内性状表达不一致，应调查其一致性。

**表4-6　植株：草层高度分级**

| 表达状态 | 矮 | 矮到中 | 中 | 中到高 | 高 |
|---|---|---|---|---|---|
| 代码 | 1 | 2 | 3 | 4 | 5 |
| 标准品种 | CIAT32 | | 热研5号 | | 西卡 |
| 参考分级（cm） | ≤10 | (10，40] | (40，70] | (70，100] | >100 |

## 性状5　茎：毛

性状类型：QL。

观测时期：小区10%植株开花（43）。

观测部位：茎。

观测方法：目测枝条倒数3～5节主茎有无毛。观测整个小区，对照标准品种/参考图片，按表4-7进行分级。如小区内性状表达不一致，应调查其一致性。

**表4-7　茎：毛分级**

| 表达状态 | 无 | 有 |
|---|---|---|
| 代码 | 1 | 9 |
| 标准品种 | | 热研5号 |
| 参考图片 | | |

### 性状6　茎：柔毛

性状类型：QL。

观测时期：小区10%植株开花（43）。

观测部位：茎。

观测方法：目测枝条倒数3～5节主茎柔毛分布。观测整个小区，对照标准品种/参考图片，按表4-8进行分级。如小区内性状表达不一致，应调查其一致性。

**表4-8　茎：柔毛分级**

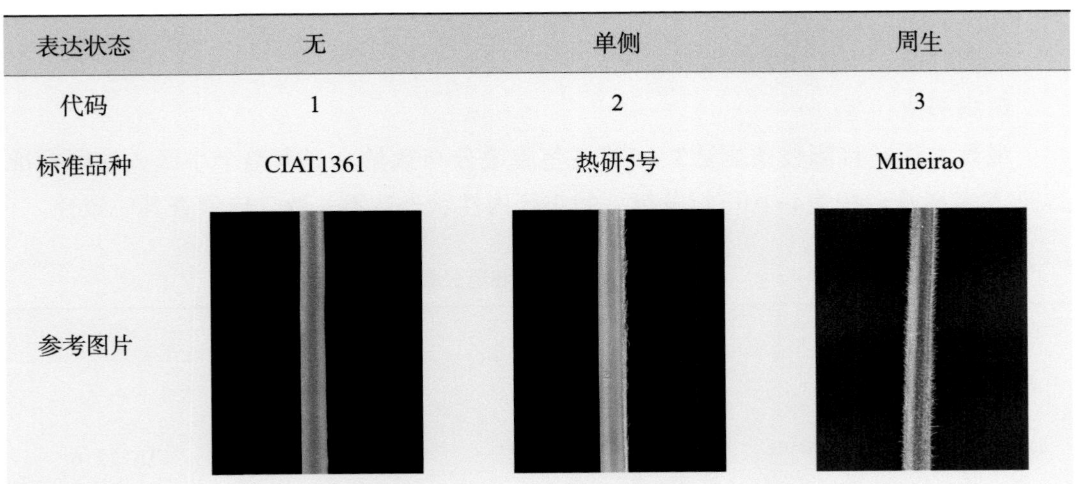

| 表达状态 | 无 | 单侧 | 周生 |
|---|---|---|---|
| 代码 | 1 | 2 | 3 |
| 标准品种 | CIAT1361 | 热研5号 | Mineirao |
| 参考图片 | | | |

## 性状7 茎：刚毛

性状类型：QL。

观测时期：小区10%植株开花（43）。

观测部位：茎。

观测方法：目测枝条倒数3～5节主茎刚毛分布。观测整个小区，对照标准品种/参考图片，按表4-9进行分级。如小区内性状表达不一致，应调查其一致性。

**表4-9 茎：刚毛分级**

| 表达状态 | 无 | 单侧 | 周生 |
|---|---|---|---|
| 代码 | 1 | 2 | 3 |
| 标准品种 | CIAT1361 | | 热研7号 |
| 参考图片 | 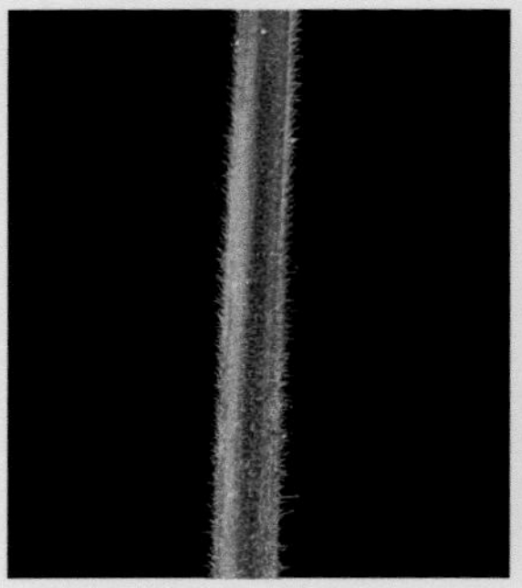 | 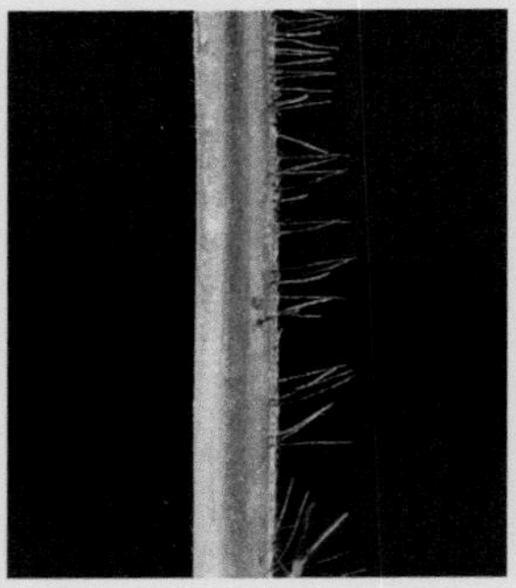 |  |

## 性状8 茎：腺毛

性状类型：QN。

观测时期：小区10%植株开花（43）。

观测部位：茎。

观测方法：目测枝条倒数3～5节主茎腺毛分布数量。观测整个小区，对照标准品种/参考图片，按表4-10进行分级。如小区内性状表达不一致，应调查其一致性。

**表4-10 茎：腺毛分级**

| 表达状态 | 无 | 少 | 中 | 多 |
|---|---|---|---|---|
| 代码 | 1 | 2 | 3 | 4 |
| 标准品种 | 热研2号 | | | CIAT1216 |

（续表）

| 表达状态 | 无 | 少 | 中 | 多 |
| --- | --- | --- | --- | --- |
| 参考图片 | 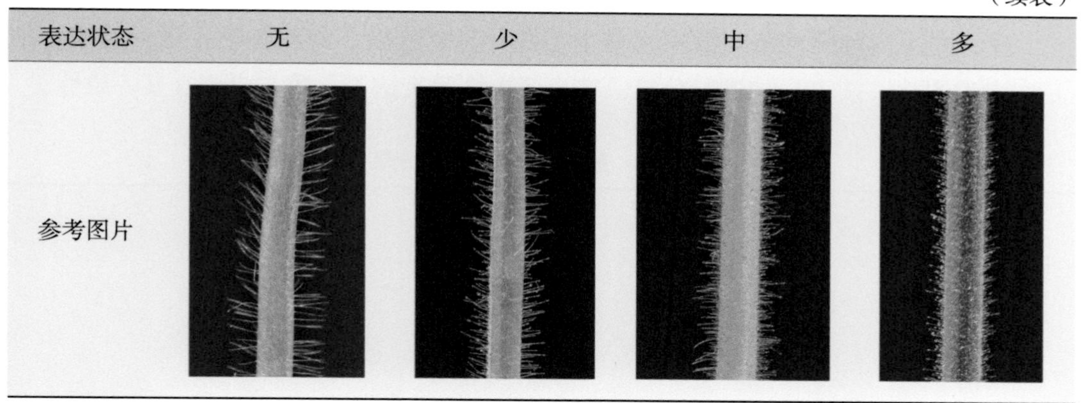 | | | |

## 性状9　茎：颜色

性状类型：PQ。

观测时期：小区10%植株开花（43）。

观测部位：茎。

观测方法：目测枝条倒数3～5节主茎颜色。观测整个小区，对照标准品种/参考图片，按表4-11进行分级。如小区内性状表达不一致，应调查其一致性。

**表4-11　茎：颜色分级**

| 表达状态 | 灰绿色 | 中等绿色 | 深绿色 | 紫红色 | 紫黑色 |
| --- | --- | --- | --- | --- | --- |
| 代码 | 1 | 2 | 3 | 4 | 5 |
| 标准品种 | | Mineirao | 热研2号 | | |
| 参考图片 | | | | | |

## 性状10　茎：托叶显色程度

性状类型：QN。

观测时期：小区10%植株开花（43）。

观测部位：茎。

观测方法：目测枝条倒数3～5节主茎托叶显色程度。观测整个小区，对照标准品种/参考图片，按表4-12进行分级。如小区内性状表达不一致，应调查其一致性。

**表4-12　茎：托叶显色程度分级**

| 表达状态 | 无或极弱 | 极弱到弱 | 弱 | 弱到中 | 中 |
|---|---|---|---|---|---|
| 代码 | 1 | 2 | 3 | 4 | 5 |
| 标准品种 | 热研7号 | | | | |
| 参考图片 |  |  |  |  |  |

| 表达状态 | 中到强 | 强 | 强到极强 | 极强 |
|---|---|---|---|---|
| 代码 | 6 | 7 | 8 | 9 |
| 标准品种 | | | | |
| 参考图片 |  |  |  |  |

## 性状11　叶片：绿色程度

性状类型：QN。

观测时期：小区10%植株开花（43）。

观测部位：叶片。

观测方法：目测植株叶片绿色程度。观测整个小区，对照标准品种/参考图片，按表4-13进行分级。如小区内性状表达不一致，应调查其一致性。

表4-13　叶片：绿色程度分级

| 表达状态 | 浅 | 中 | 深 |
|---|---|---|---|
| 代码 | 1 | 2 | 3 |
| 标准品种 | 热研7号 | 热研10号 | 热研5号 |
| 参考图片 | | | |

性状12　小叶：形状

性状类型：PQ。

观测时期：小区10%植株开花（43）。

观测部位：小叶。

观测方法：目测植株枝条倒数3～5节主茎上的成熟典型叶片。观测整个小区，对照标准品种/参考图片，按表4-14进行分级。如小区内性状表达不一致，应调查其一致性。

表4-14　小叶：形状分级

| 表达状态 | 披针形 | 卵圆形 | 椭圆形 | 倒披针形 | 倒卵圆形 |
|---|---|---|---|---|---|
| 代码 | 1 | 2 | 3 | 4 | 5 |
| 标准品种 | Verano | | 热研2号 | | |
| 参考图片 | | | | | |

## 性状13 小叶：长度

性状类型：QN。

观测时期：小区10%植株开花（43）。

观测部位：小叶。

观测方法：目测植株枝条倒数3～5节主茎上的成熟典型小叶的长度。观测整个小区，对照标准品种/参考分级，按表4-15进行分级。如小区内性状表达不一致，应调查其一致性。

**表4-15　小叶：长度分级**

| 表达状态 | 短 | 中 | 长 |
|---|---|---|---|
| 代码 | 1 | 2 | 3 |
| 标准品种 | 西卡 | 热研5号 | |
| 参考分级（cm） | <2.5 | [2.5，3.5] | >3.5 |

## 性状14 小叶：宽度

性状类型：QN。

观测时期：小区10%植株开花（43）。

观测部位：小叶。

观测方法：目测植株枝条倒数3～5节主茎上的成熟典型小叶的宽度。观测整个小区，对照标准品种/参考分级，按表4-16进行分级。如小区内性状表达不一致，应调查其一致性。

**表4-16　小叶：宽度分级**

| 表达状态 | 窄 | 中 | 宽 |
|---|---|---|---|
| 代码 | 1 | 2 | 3 |
| 标准品种 | CIAT1278 | 热研5号 | 西卡 |
| 参考分级（cm） | <0.5 | [0.5，1.0] | >1.0 |

## 性状15 叶：类型

性状类型：QL。

观测时期：小区10%植株开花（43）。

观测部位：小叶。

观测方法：目测植株枝条倒数3～5节主茎上的叶类型。观测整个小区，对照标准品种/参考图片，按表4-17进行分级。如小区内性状表达不一致，应调查其一致性。

**表4-17　叶：类型分级**

| 表达状态 | 掌状三出 | 羽状三出 |
| --- | --- | --- |
| 代码 | 1 | 2 |
| 标准品种 | | 热研2号 |
| 参考分级 | | |

## 性状16　始花期

性状类型：QN。

观测时期：小区10%植株开花（43）。

观测部位：小区。

观测方法：目测小区10%植株开花的时间。定植时间相同（春植）条件下，观测整个小区，对照标准品种/参考分级，按表4-18进行分级。如小区内性状表达不一致，应调查其一致性。

**表4-18　始花期分级**

| 表达状态 | 早 | 早到中 | 中 | 中到晚 | 晚 |
| --- | --- | --- | --- | --- | --- |
| 代码 | 1 | 2 | 3 | 4 | 5 |
| 标准品种 | 澳克雷 | | 热研2号 | | Tardio |
| 参考分级 | 7月20日之前 | 7月21日至8月31日 | 9月1日至10月20日 | 10月21日至11月15日 | 11月15日之后 |

## 性状17 花序：类型

性状类型：QL。

观测时期：小区≥50%植株开花（45）。

观测部位：花序。

观测方法：目测花序类型。观测整个小区，对照标准品种/参考图片，按表4-19进行分级。如小区内性状表达不一致，应调查其一致性。

**表4-19 花序：类型分级**

| 表达状态 | 穗状 | 复穗状 |
| --- | --- | --- |
| 代码 | 1 | 2 |
| 标准品种 | 品63 | 热研5号 |
| 参考图片 |  |  |

## 性状18 小花：着生方式

性状类型：QL。

观测时期：小区≥50%植株开花（45）。

观测部位：花序。

观测方法：目测小花着生方式。观测整个小区，对照标准品种/参考图片，按表4-20进行分级。如小区内性状表达不一致，应调查其一致性。

表4-20　小花：着生方式分级

| 表达状态 | 簇生 | 轴生 |
| --- | --- | --- |
| 代码 | 1 | 2 |
| 标准品种 | 热研2号 | |
| 参考图片 |  |  |

性状19　花：大小

性状类型：QN。

观测时期：小区≥50%植株开花（45）。

观测部位：小花。

观测方法：目测小花大小。观测整个小区，对照标准品种/参考分级，按表4-21进行分级。如小区内性状表达不一致，应调查其一致性。

表4-21　花：大小分级

| 表达状态 | 小 | 中 | 大 |
| --- | --- | --- | --- |
| 代码 | 1 | 2 | 3 |
| 标准品种 | | 热研2号 | |
| 参考值<br>旗瓣宽度（cm） | <0.5 | [0.5，0.7] | >0.7 |
| 参考图片 |  |  |  |

## 性状20 旗瓣：条斑

性状类型：QN。

观测时期：小区≥50%植株开花（45）。

观测部位：小花。

观测方法：目测小花旗瓣的条斑数量。观测整个小区，对照标准品种/参考图片，按表4-22进行分级。如小区内性状表达不一致，应调查其一致性。

**表4-22 旗瓣：条斑分级**

| 表达状态 | 无 | 少 | 中 | 多 |
|---|---|---|---|---|
| 代码 | 1 | 2 | 3 | 4 |
| 标准品种 | 品63 | | 热研2号 | |
| 参考图片 |  |  |  |  |

## 性状21 旗瓣：颜色

性状类型：PQ。

观测时期：小区≥50%植株开花（45）。

观测部位：小花。

观测方法：目测小花旗瓣的颜色。观测整个小区，对照标准品种/参考图片，按表4-23进行分级。如小区内性状表达不一致，应调查其一致性。

**表4-23 旗瓣：颜色分级**

| 表达状态 | 白色或乳白色 | 浅黄色 | | 中等黄色 | |
|---|---|---|---|---|---|
| 代码 | 1 | 2 | | 3 | |
| 标准品种 | 品45 | 品63 | | | |
| 参考图片 |  |  |  |  |  |

（续表）

| 表达状态 | 深黄色 | 橙色 |
|---|---|---|
| 代码 | 4 | 5 |
| 标准品种 | 热研5号 | |
| 参考图片 | 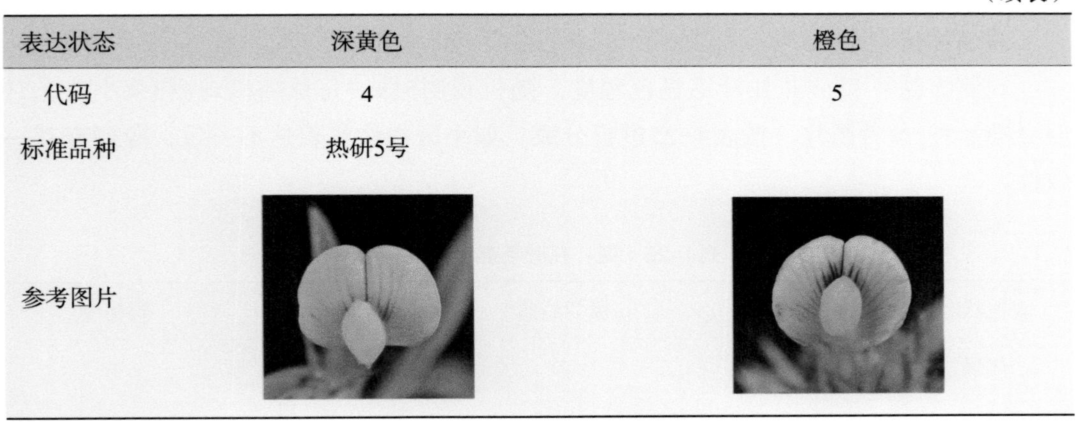 | |

## 性状22 龙骨瓣：端部形状

性状类型：QL。

观测时期：小区≥50%植株开花（45）。

观测部位：小花。

观测方法：取小花，去掉翼瓣，目测龙骨瓣端部形状。随机观测5株，每株随机观测3朵小花，对照标准品种/参考图片，按表4-24进行分级。如小区内性状表达不一致，应调查其一致性。

**表4-24 龙骨瓣：端部形状分级**

| 表达状态 | 不分叉 | 分叉 |
|---|---|---|
| 代码 | 1 | 2 |
| 标准品种 | 热研5号 | 西卡 |
| 参考图片 | | |

## 性状23 花：托叶毛显色程度

性状类型：QN。

观测时期：小区≥50%植株开花（45）。

观测部位：小花。

观测方法：目测花托叶毛显色程度。随机观测5株，每株随机观测3朵小花，对照标准品种/参考图片，按表4-25进行分级。如小区内性状表达不一致，应调查其一致性。

**表4-25　花：托叶毛显色程度分级**

| 表达状态 | 无或极弱 | 极弱到弱 | 弱 | 弱到中 |
|---|---|---|---|---|
| 代码 | 1 | 2 | 3 | 4 |
| 标准品种 | 热研7号 | | | |
| 参考图片 |  |  |  |  |

| 表达状态 | 中 | 中到强 | 强 |
|---|---|---|---|
| 代码 | 5 | 6 | 7 |
| 标准品种 | 热研5号 | | 热研13号 |
| 参考图片 |  |  |  |

## 性状24　荚果：形状

性状类型：PQ。

观测时期：小区75%植株种子成熟（68）。

观测部位：荚果。

观测方法：目测，随机观测5株，每株随机观测3朵花序，轻轻扒开托叶，观测荚果的形状。对照标准品种/参考图片，按表4-26进行分级。如小区内性状表达不一致，应调查其一致性。

表4-26　荚果：形状分级

| 表达状态 | 念珠状 | 椭圆形 | 长椭圆形 | 矩圆形 |
| --- | --- | --- | --- | --- |
| 代码 | 1 | 2 | 3 | 4 |
| 标准品种 | CIAT1013 | 热研10号 | Verano | |
| 参考图片 | 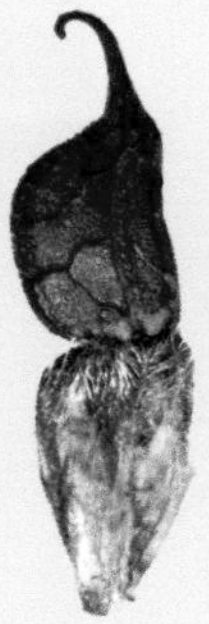 |  |  |  |

## 性状25　荚果：喙长度

性状类型：QN。

观测时期：小区75%植株种子成熟（68）。

观测部位：荚果。

观测方法：目测，随机观测5株，每株随机观测3朵花序，轻轻扒开托叶，观测荚果喙长度。对照标准品种/参考图片，按表4-27进行分级。如小区内性状表达不一致，应调查其一致性。

表4-27　荚果：喙长度分级

| 表达状态 | 短 | 中 | 长 |
| --- | --- | --- | --- |
| 代码 | 1 | 2 | 3 |
| 标准品种 | 热研2号 | 西卡 | Verano |

（续表）

| 表达状态 | 短 | 中 | 长 |
| --- | --- | --- | --- |
| 参考图片 | 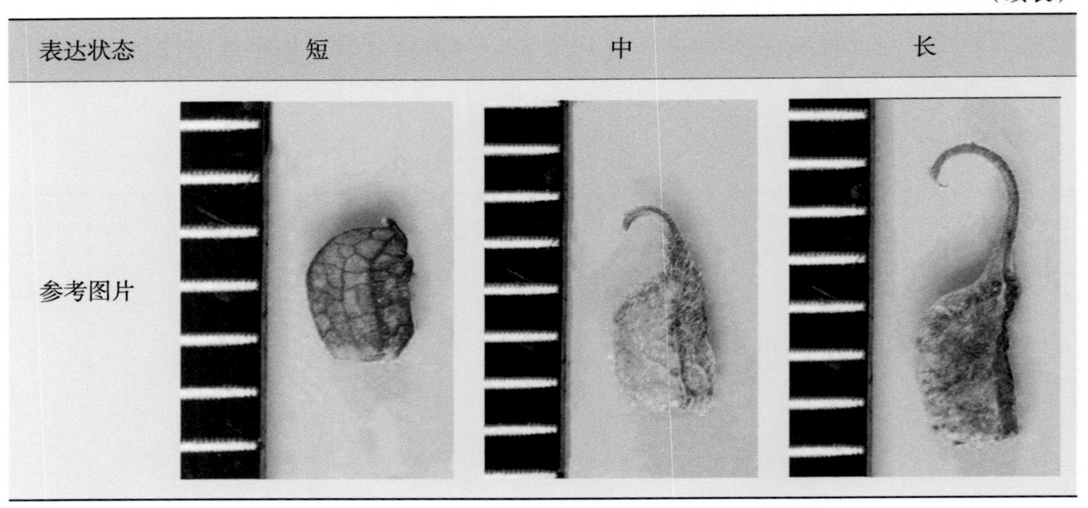 | | |

## 性状26 荚果：柔毛

性状类型：QL。

观测时期：小区75%植株种子成熟（68）。

观测部位：荚果。

观测方法：目测，随机观测5株，每株随机观测3朵花序，轻轻扒开托叶，观测荚果柔毛有无。对照标准品种/参考图片，按表4-28进行分级。如小区内性状表达不一致，应调查其一致性。

**表4-28　荚果：柔毛分级**

| 表达状态 | 无 | 有 |
| --- | --- | --- |
| 代码 | 1 | 9 |
| 标准品种 | 热研2号 | |
| 参考图片 | | |

## 性状27 仅适用于荚果形状为念珠状的有毛品种　荚果：柔毛分布

性状类型：QL。

观测时期：小区75%植株种子成熟（68）。

观测部位：荚果。

观测方法：目测，随机观测5株，每株随机观测3朵花序，轻轻扒开托叶，观测荚果柔毛分布。对照标准品种/参考图片，按表4-29进行分级。如小区内性状表达不一致，应调查其一致性。

**表4-29　仅适用于荚果形状为念珠状的有毛品种　荚果：柔毛分布分级**

| 表达状态 | 上部密集 | 下部密集 | 整体柔毛 |
|---|---|---|---|
| 代码 | 1 | 2 | 3 |
| 标准品种 | | | CIAT1013 |
| 参考图片 | 暂无图片 | | |

## 性状28 种子：形状

性状类型：PQ。

观测时期：小区75%植株种子成熟（68）。

观测部位：种子。

观测方法：目测，随机观测5株，每株随机观测3朵花序，轻轻扒开托叶，取荚果里面的种子，观测种子形状。对照标准品种/参考图片，按表4-30进行分级。如小区内性状表达不一致，应调查其一致性。

**表4-30　种子：形状分级**

| 表达状态 | 卵圆形 | 椭圆形 | 近圆形 | 肾形 |
|---|---|---|---|---|
| 代码 | 1 | 2 | 3 | 4 |
| 标准品种 | 品63 | 西卡 | CIAT1361 | 热研5号 |

（续表）

| 表达状态 | 卵圆形 | 椭圆形 | 近圆形 | 肾形 |
|---|---|---|---|---|
| 参考图片 | 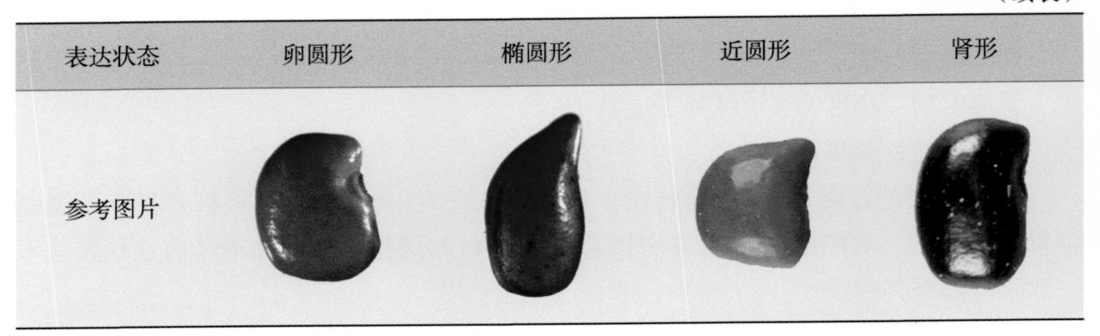 | | | |

## 性状29 种皮：颜色

性状类型：PQ。

观测时期：小区75%植株种子成熟（68）。

观测部位：种子。

观测方法：目测，随机观测5株，每株随机观测3朵花序，轻轻扒开托叶，取荚果里面的种子，观测种皮颜色。对照标准品种/参考图片，按表4-31进行分级。如小区内性状表达不一致，应调查其一致性。

**表4-31 种皮：颜色分级**

| 表达状态 | 浅黄色 | 棕黄色 | 浅红色 | 红褐色 | 黑色 |
|---|---|---|---|---|---|
| 代码 | 1 | 2 | 3 | 4 | 5 |
| 标准品种 | 热研2号 | 西卡 | | | 热研5号 |
| 参考图片 | | | | | |

## 性状30 种皮：斑纹

性状类型：QL。

观测时期：小区75%植株种子成熟（68）。

观测部位：种子。

观测方法：目测，随机观测5株，每株随机观测3朵花序，轻轻扒开托叶，取荚果里面的种子，观测种皮斑纹有无。对照标准品种/参考图片，按表4-32进行分级。如小区内性状表达不一致，应调查其一致性。

表4-32　种皮：斑纹分级

| 表达状态 | 无 | 有 |
| --- | --- | --- |
| 代码 | 热研2号 | CIAT1643 |
| 标准品种 | 1 | 9 |
| 参考图片 | | |

## （二）选测性状观测与分级

### 性状31　抗性：炭疽病

性状类型：QN。

观测时期：小区50%幼苗长出6～7片叶至小区50%植株出现花蕾（25～41）。

观测部位：植株。

观测方法：按鉴定方法，对照标准品种，按表4-33进行分级。如小区内性状表达不一致，应调查其一致性。

表4-33　抗性：炭疽病分级

| 表达状态 | 高感 | 中感 | 中抗 | 高抗 | 免疫 |
| --- | --- | --- | --- | --- | --- |
| 代码 | 1 | 2 | 3 | 4 | 5 |
| 标准品种 | 库克 | | 格拉姆 | 热研2号 | |

1. 人工接种鉴定步骤

（1）孢子悬浮液的准备：将活化后的炭疽病原菌丝块接种到马铃薯培养基（200g/L马铃薯，20g/L葡萄糖，20g/L琼脂）上，28℃恒温培养3～5d，用灭菌水从马铃薯培养基上洗下孢子，经无菌白纱布过滤，用计数板在显微镜下观察，调整孢子悬浮液的浓度为含孢子$10^6$个/mL。现配现用。

（2）植株接种试验：用1%的次氯酸钠溶液浸泡柱花草种子5min，灭菌水冲洗3次，室温下在湿润的滤纸上发芽，出芽后转至培养盆中（含等体积混合的表土、塘泥、沙，并以每千克混合物补充3.6g的N-P-K复合肥）。每盆1株，每个品种10盆，3次重复。盆栽植株在网室（自然光、温度20～30℃）生长30d后，每株喷洒孢子悬浮液直至叶片出现水滴。将植株转移到湿度>90%、温度20～28℃的暗房中培养2d，然后将植株转入温度为19～30℃的网室中培养。

2. 调查和计算方法

（1）病害分级：根据发病叶片数占总叶片的百分率对植株炭疽病进行分级（表4-34）。

**表4-34　柱花草炭疽病分级标准**

| 病害级别 | 发病叶片数占总叶片的百分率（$x$） |
|---|---|
| 0 | $x=0$ |
| 1 | $0<x\leqslant 10\%$ |
| 3 | $10\%<x\leqslant 25\%$ |
| 5 | $25\%<x\leqslant 50\%$ |
| 7 | $50\%<x\leqslant 75\%$ |
| 9 | $x>75\%$ |

（2）调查方法：以已经报道的柱花草炭疽病症状特点，在接种后7d，判定待鉴定材料是否出现炭疽病，同时根据病害分级标准（表4-34）判定、记录各试验小区的总叶片数和各级病叶数。

（3）计算方法：试验结果以小区为单位进行病情指数统计。病情指数按照以下公式计算。

$$DS=\sum(A_i \times B_i)/(C \times 9) \times 100$$

式中：

DS—病情指数；

$A_i$—各病级值，其下标$i$的取值为0、1、3、5、7、9；

$B_i$—对应于$A_i$病害级别的病叶数；

$C$—接种的叶片总数。

3. 抗病性判别

（1）未取得对照品种抗病性资料的抗病性判别。将每次试验各处理的所有重复的病情指数加和平均，然后再将多次试验的病情指数加和平均值平均，得到的病情指数平均值用ADS表示。用ADS判断柱花草对炭疽病的抗病性（表4-35）。

**表4-35 未取得对照品种抗病性资料的柱花草对炭疽病抗病性的判断标准**

| 病情指数平均值（ADS） | 抗病性 | 抗病性分级代码 |
| --- | --- | --- |
| ADS>20% | 高感 | 1 |
| 10%<ADS≤20% | 中感 | 2 |
| 3%<ADS≤10% | 中抗 | 3 |
| 0<ADS≤3% | 高抗 | 4 |
| ADS=0 | 免疫 | 5 |

（2）已经取得对照品种抗病性资料的抗病性判别。以ADS数据进行方差分析，并用邓肯氏新复极差（DMRT）法对试验数据进行统计分析。根据统计结论，按表4-36的判断标准判断柱花草对炭疽病的抗病性。

**表4-36 已经取得对照品种抗病性资料的柱花草对炭疽病抗病性的判断标准**

| 统计结论 | 抗病性 | 抗病性分级代码 |
| --- | --- | --- |
| ADS在1%的显著性水平上显著高于对照品种的品种 | 中感 | 2 |
| ADS在1%的显著性水平上与对照品种差异不显著的品种 | 中抗 | 3 |
| ADS大于0并且在1%的显著性水平上显著低于对照品种的品种 | 高抗 | 4 |
| ADS=0的品种 | 免疫 | 5 |

4.自然发病鉴定

根据以往经验或根据探索性试验表明待鉴定材料不用人工接种时炭疽病也能严重发生的情况下，必须进行自然发病鉴定。

自然发病鉴定除了以清水代替人工接种鉴定中的接种体（孢子悬浮液）外，其他的材料要求、试验方法、操作过程、结果统计和抗病性判别方法与人工接种鉴定的相同。

**性状32** 种子：育性

性状类型：QN。

观测时期：小区75%植株种子成熟（68）。

观测部位：植株。

观测方法：目测，随机观测5株，每株随机观测3朵花序，轻轻扒开托叶，取荚果里面的种子，观测种子育性。对照标准品种，按表4-37进行分级。如小区内性状表达不一致，应调查其一致性。

**表4-37 种子：育性分级**

| 表达状态 | 不育 | 低育 | 可育 |
|---|---|---|---|
| 代码 | 1 | 2 | 3 |
| 标准品种 | | 品109 | 热研5号 |

## 三、图像数据采集规范

### （一）概述

#### 1. 前言

清晰的图像比文字描述更能形象地展示品种性状，准确地记录植物品种的形态特征、生长状态，佐证DUS测试结果，真实反映田间异常情况，是判定植物品种是否具备特异性、一致性和稳定性的重要依据。同时通过建立植物品种图像数据库，为近似品种筛选提供直观的参考。

为规范柱花草属品种DUS测试中照片拍摄，保证照片质量，提高品种权申请实质审查的准确性和构建已知品种数据库的完整性，根据农业农村部行业标准《植物品种特异性、一致性和稳定性测试指南　柱花草属》和《DUS测试照片拍摄技术规范编写指南》要求，制定本拍摄规范。

本规范规定了柱花草属DUS测试性状拍摄的总体原则和具体技术要求，在实际拍摄中应结合柱花草属DUS测试指南中对性状的具体描述和分级标准使用。

#### 2. 基本要求

柱花草属品种DUS测试性状照片应客观、准确、清楚地反映柱花草属待测品种的DUS测试性状以及已知品种的主要植物学特征特性，拍摄部位明确、构图合理、图像真实清晰、色彩自然、背景适当，照片中的拍摄主题不得使用任何图像处理软件进行修饰。

根据构建柱花草属已知品种数据库的需要，在开展柱花草属DUS测试期间，每个测试品种应拍摄并最终提供6张主要形态特征描述照片，即植株、花序、小花、茎、叶片、荚果及种子。

3. 拍摄器材

数码相机及镜头：数码单反相机（分辨率2 144 × 1 424以上），标准变焦镜头、微距镜头。

配件及辅助工具：存储卡、遮光罩、外接闪光灯、快门线、三脚架、翻拍架、拍摄台、柔光箱、柔光伞、测光板、背景支架、背景布、背景纸、刻度尺、大头针等。

4. 照片格式与质量

照片构成与拍摄构图：应包括拍摄的性状部位、品种标签、刻度尺、背景等几部分。根据拍摄的代表性样本长度、宽度，应放置合适的刻度尺，拍摄背景应使用专业背景布或背景纸，背景颜色以灰色或黑色为主，拍摄主体的取样部位按照例图所示。拍摄构图时，一般采用横向构图方式，植株等性状以竖拍为宜。

照片平面布局：对于性状对比照片，除因生长周期不一致外，应尽可能地将待测品种与近似品种并列拍摄于同一张照片内，一张照片可以同时反映多个测试性状。待测品种置于照片左侧、近似品种置于右侧，或待测品种置于照片上部、近似品种置于下部，将拍摄主体安排在画面的黄金分割线上，按照植株和器官的自然生长方向布置。对于数据库照片，拍摄主体只有一个品种，一张照片可以同时反映多个特征特性，进行组合拍摄，平面布局要协调、合理，拍摄主体分布于平面中部的1/3。

标签：标签内容为待测品种、近似品种测试编号或品种名称。标签放置于拍摄主体的下部或两侧，标签的大小要求统一且与拍摄主体的比例协调，字体为宋体加粗。

光线：对于形状、姿态、大小、宽窄等性状，尽量选择在柔和的自然光下进行拍摄（室内外均可），对于颜色类性状应在室内固定光源（5 000K）下拍摄。

照片名称及存储格式：柱花草属DUS测试性状照片均按统一格式命名，采用jpg格式存储，提交测试报告使用的照片须洗印成5英寸（3R）彩色照片。

照片档案：每个申请品种需建立测试照片电子档案，照片应包括照片名称、测试编号、品种名称、部位简称、图片类型、拍摄地点、拍摄时间等。

## （二）品种描述照片拍摄

### 1. 植株

拍摄时期：小区50%植株主茎长出侧枝（35）。

拍摄地点与时间：田间自然条件，上午9:00以前。

拍摄前准备：根据观测值选取小区典型、背景较为干净的植株，附上品种标签，进行拍摄。

拍摄背景：田间自然背景。

拍摄要求：能清晰反映品种生长型、生长习性、叶片绿色程度等（图4-1）。

拍摄技术要求如下。

——分辨率：2 144 × 1 424以上；

——光线：充足柔和的自然光；

——拍摄角度：45°俯拍；

——拍摄模式：光圈优先（A模式）；

——白平衡：手动（根据拍摄时光线调整）；

——相机固定方式：三脚架/手持。

**图4-1　田间植株拍摄**

### 2. 花序

拍摄时期：小区≥50%植株开花（45）。

拍摄地点与时间：摄影室，上午9:00以前。

拍摄前准备：根据观测值选取试验小区内具代表性的花序（为保证花的新鲜，

早上露水未干前采摘为宜），将花序平整地放在背景布（背景纸）上，附上品种标签，进行拍摄。

拍摄背景：灰色背景。

拍摄要求：能清晰反映品种花序性状特点，如花序类型、小花着生方式等（图4-2）。

拍摄技术要求如下。

——分辨率：2 144 × 1 424以上；

——光线：充足柔和的固定光；

——拍摄角度：垂直向下拍摄；

——拍摄模式：光圈优先（A模式）；

——白平衡：手动（5 000K）；

——相机固定方式：三脚架/手持。

**图4-2　花序拍摄**

3. 小花

拍摄时期：小区≥50%植株开花（45）。

拍摄地点与时间：摄影室，上午9：00以前。

拍摄前准备：根据观测值选取试验小区内具代表性的花序（为保证花的新鲜，早上露水未干前采摘为宜），将花序平整地放在背景布（背景纸）上，附上品种标签，进行拍摄。

拍摄背景：灰色背景。

拍摄要求：能清晰反映品种花性状特点，如花大小、旗瓣条斑、旗瓣颜色等（图4-3）。

拍摄技术要求如下。

——分辨率：2 144 × 1 424以上；

——光线：充足柔和的固定光；

——拍摄角度：垂直向下拍摄；

——拍摄镜头：微距镜头；

——拍摄模式：光圈优先（A模式）；

——白平衡：手动（5 000K）；

——相机固定方式：翻拍架/手持。

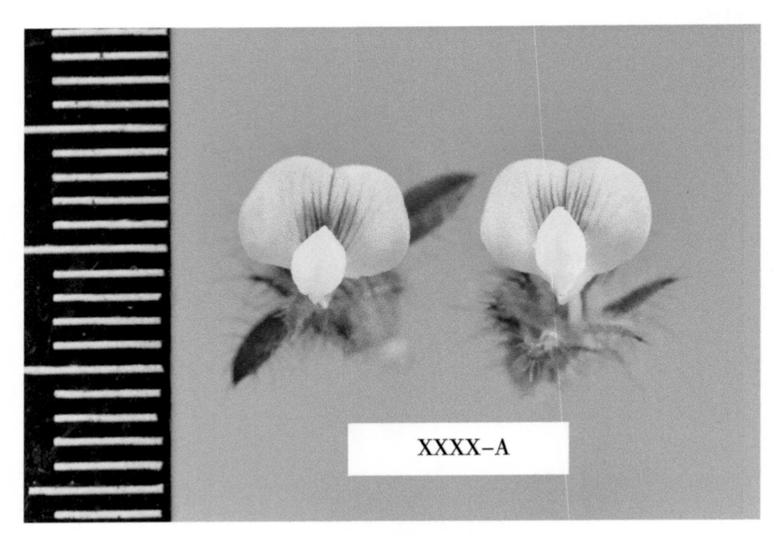


**图4-3　小花拍摄**

4. 茎

拍摄时期：小区10%植株开花（43）。

拍摄地点与时间：摄影室，上午10：00以前。

拍摄前准备：根据观测值选取试验小区内具代表性的茎，取2节茎，并保留节间之间的托叶，将茎平整地放在背景布（背景纸）上，同时基部保持同一水平，附上品种标签，进行拍摄。

拍摄背景：黑色背景。

拍摄要求：能清晰反映品种茎部性状特点，如茎毛、茎柔毛、茎刚毛、茎腺毛、茎颜色、茎托叶显色程度等（图4-4）。

拍摄技术要求如下。

——分辨率：2 144 × 1 424以上；

——光线：充足柔和的固定光；

——拍摄角度：垂直向下拍摄；

——拍摄镜头：微距镜头；

—— 拍摄模式：光圈优先（A模式）；

——白平衡：手动（5 000K）；

——相机固定方式：翻拍架/手持。

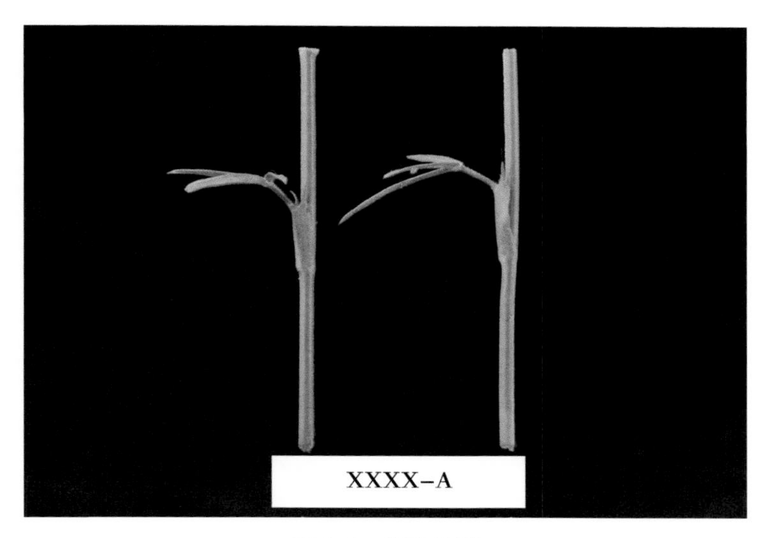


**图4-4　茎部拍摄**

5. 叶片

拍摄时期：小区10%植株开花（43）。

拍摄地点与时间：摄影室，上午10:00以前。

拍摄前准备：根据观测值选取试验小区内具代表性的叶片（为保证叶的新鲜，早上露水未干前采摘为宜，且不宜泡水，泡水后易影响叶片正常颜色），将叶片平整地放在背景布（背景纸）上，左边附上刻度尺，同时叶基与刻度尺某一刻度位于同一水平），附上品种标签，进行拍摄。

拍摄背景：灰色背景。

拍摄要求：能清晰反映品种叶片性状特点，如小叶形状、小叶长度、小叶宽度、叶类型等（图4-5）。

拍摄技术要求如下。

——分辨率：2 144 × 1 424以上；

——光线：充足柔和的固定光；

——拍摄角度：垂直向下拍摄；

——拍摄镜头：微距镜头；

——拍摄模式：光圈优先（A模式）；

——白平衡：手动（5 000K）；

——相机固定方式：翻拍架/手持。

图4-5　叶片拍摄

6. 荚果及种子

拍摄时期：小区75%植株种子成熟（68）。

拍摄地点：摄影室。

拍摄前准备：根据观测值选取试验小区内具代表性的荚果4粒，将其中2粒去掉荚果皮，取出种子，将荚果与种子平整地放在背景布（背景纸）上，左边附上刻度尺，同时基部与刻度尺某一刻度位于同一水平，附上品种标签，进行拍摄。

拍摄背景：灰色背景。

拍摄要求：能清晰反映品种荚果和种子性状特点，如荚果形状、荚果喙长度、荚果柔毛、荚果柔毛分布、种子形状、种皮颜色、种皮斑纹等（图4-6）。

拍摄技术要求如下。

—— 分辨率：2 144 × 1 424以上；

——光线：充足柔和的固定光；

——拍摄角度：垂直向下拍摄；

——拍摄镜头：微距镜头；

——拍摄模式：光圈优先（A模式）；

——白平衡：手动（5 000K）；

——相机固定方式：翻拍架/手持。

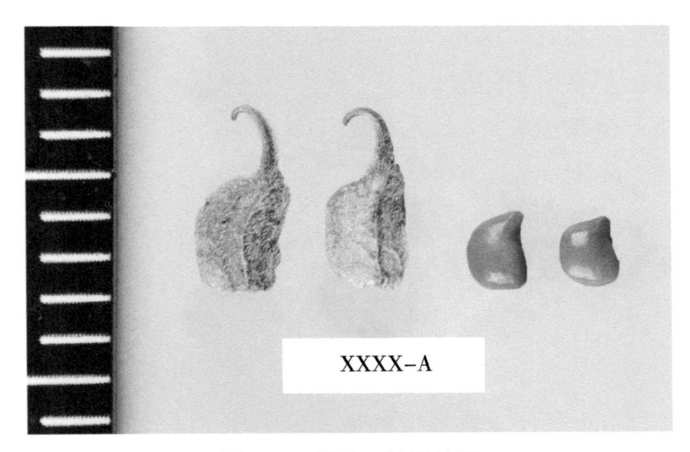


图4-6　荚果、种子拍摄

## （三）性状对比照片拍摄

### 性状1　幼苗：下胚轴花青甙显色强度

拍摄时期：80%子叶展开（08）。

拍摄地点与时间：摄影室，上午10:00以前。

拍摄前准备：根据观测值选取试验小区内具代表性的幼苗，将其放在背景布（背景纸）上，附上品种标签，进行对比拍摄（图4-7）。

拍摄背景：灰色背景。

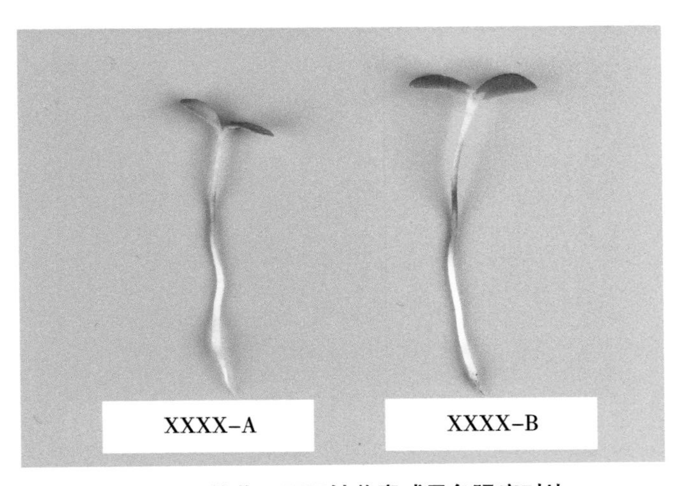


图4-7　幼苗：下胚轴花青甙显色强度对比

拍摄技术要求如下。

——分辨率：2 144 × 1 424以上；

——光线：充足柔和的固定光；

——拍摄角度：垂直向下拍摄；

——拍摄镜头：微距镜头；

——拍摄模式：光圈优先（A模式）；

——白平衡：手动（5 000K）；

——相机固定方式：翻拍架/手持。

性状2/3.1/3.2/11/16　植株：生长型/仅适用于半灌木品种　植株：生长习性/仅适用于草本品种　植株：生长习性/叶片：绿色程度/始花期

拍摄时期：小区50%植株主茎长出侧枝（35）/小区10%植株开花（43）。

拍摄地点与时间：田间自然条件，上午9:00以前。

拍摄前准备：根据观测值选取小区典型的背景较为干净的植株，附上品种标签，进行对比拍摄（图4-8）。

拍摄背景：田间自然背景。

拍摄技术要求如下。

——分辨率：2 144 × 1 424以上；

——光线：充足柔和的自然光；

——拍摄角度：45°俯拍；

——拍摄模式：光圈优先（A模式）；

——白平衡：手动（根据拍摄时光线调整）；

——相机固定方式：三脚架/手持。

**图4-8　植株性状对比**

性状5/6/7/8/9/10　茎：毛/茎：柔毛/茎：刚毛/茎：腺毛/茎：颜色/茎：托叶显色程度

拍摄时期：小区10%植株开花（43）。

拍摄地点与时间：摄影室，上午10:00以前。

拍摄前准备：根据观测值选取试验小区内具代表性的茎，取2节茎，并保留节间之间的托叶，将茎平整地放在背景布（背景纸）上，同时基部保持同一水平，附上品种标签，进行对比拍摄（图4-9）。

拍摄背景：黑色背景。

拍摄技术要求如下。

——分辨率：2 144×1 424以上；

——光线：充足柔和的固定光；

——拍摄角度：垂直向下拍摄；

——拍摄镜头：微距镜头；

——拍摄模式：光圈优先（A模式）；

——白平衡：手动（5 000K）；

——相机固定方式：翻拍架/手持。

**图4-9　茎部性状对比**

性状12/13/14/15　小叶：形状/小叶：长度/小叶：宽度/叶：类型

拍摄时期：小区10%植株开花（43）。

拍摄地点与时间：摄影室，上午10:00以前。

拍摄前准备：根据观测值选取试验小区内具代表性的叶片（为保证叶的新鲜，早上露水未干前采摘为宜，且不宜泡水，泡水后易影响叶片正常颜色），将叶片平整地放在背景布（背景纸）上，左边附上刻度尺，同时叶基与刻度尺某一刻度位于同一水平，附上品种标签，进行对比拍摄（图4-10）。

拍摄背景：灰色背景。

拍摄技术要求如下。

——分辨率：2 144×1 424以上；

——光线：充足柔和的固定光；

——拍摄角度：垂直向下拍摄；

——拍摄镜头：微距镜头；

——拍摄模式：光圈优先（A模式）；

——白平衡：手动（5 000K）；

——相机固定方式：翻拍架/手持。

**图4-10　小叶性状对比**

### 性状17/18　花序：类型/小花：着生方式

拍摄时期：小区≥50%植株开花（45）。

拍摄地点与时间：摄影室，上午9:00以前。

拍摄前准备：根据观测值选取试验小区内具代表性的花序（为保证花的新鲜，早上露水未干前采摘为宜），将花序平整地放在背景布（背景纸）上，附上品种标签，进行对比拍摄（图4-11）。

拍摄背景：灰色背景。

拍摄技术要求如下。

——分辨率：2 144×1 424以上；

——光线：充足柔和的固定光；

——拍摄角度：垂直向下拍摄；

——拍摄模式：光圈优先（A模式）；

——白平衡：手动（5 000K）；

——相机固定方式：三脚架/手持。

图4-11　花序性状对比

性状19/20/21/22/23　花：大小/旗瓣：条斑/旗瓣：颜色/龙骨瓣：端部形状/花：托叶毛显色程度

拍摄时期：小区≥50%植株开花（45）。

拍摄地点与时间：摄影室，上午9:00以前。

拍摄前准备：根据观测值选取试验小区内具代表性的花序（为保证花的新鲜，早上露水未干前采摘为宜），将花序平整地放在背景布（背景纸）上，附上品种标签，进行对比拍摄（图4-12）。

拍摄背景：灰色背景。

拍摄技术要求如下。

——分辨率：2 144×1 424以上；

——光线：充足柔和的固定光；

——拍摄角度：垂直向下拍摄；

——拍摄镜头：微距镜头；

——拍摄模式：光圈优先（A模式）；

——白平衡：手动（5 000K）；

——相机固定方式：翻拍架/手持。

图4-12　花性状对比

性状24/25/26/27　荚果：形状/荚果：喙长度/荚果：柔毛/仅适用于荚果形状为念珠状的有毛品种　荚果：柔毛分布

拍摄时期：小区75%植株种子成熟（68）。

拍摄地点：摄影室。

拍摄前准备：根据观测值选取试验小区内具代表性的荚果2粒，将其平整地放在背景布（背景纸）上，附上品种标签，进行对比拍摄（图4-13）。

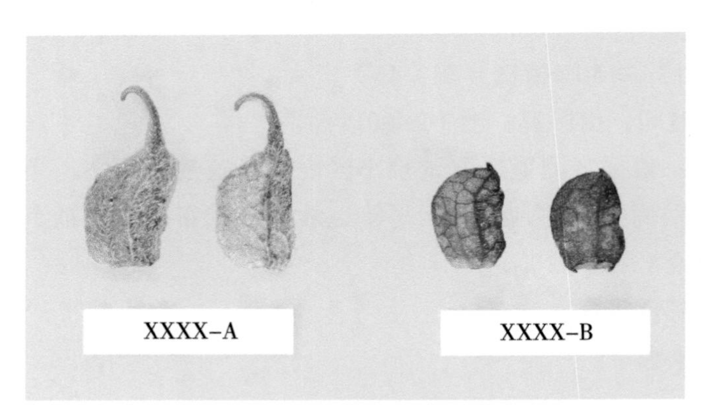


图4-13　荚果性状对比

拍摄背景：灰色背景。

拍摄技术要求如下。

——分辨率：2 144 × 1 424以上；

——光线：充足柔和的固定光；

——拍摄角度：垂直向下拍摄；

——拍摄镜头：微距镜头；

——拍摄模式：光圈优先（A模式）；

——白平衡：手动（5 000k）；

——相机固定方式：翻拍架/手持。

### 性状28/29/30　种子：形状/种皮：颜色/种皮：斑纹

拍摄时期：小区75%植株种子成熟（68）。

拍摄地点：摄影室。

拍摄前准备：根据观测值选取试验小区内具代表性的种子2粒，将其平整地放在背景布（背景纸）上，附上品种标签，进行对比拍摄（图4-14）。

拍摄背景：灰色背景。

拍摄技术要求如下。

—— 分辨率：2 144 × 1 424以上；

——光线：充足柔和的固定光；

——拍摄角度：垂直向下拍摄；

——拍摄镜头：微距镜头；

——拍摄模式：光圈优先（A模式）；

——白平衡：手动（5 000K）；

——相机固定方式：翻拍架/手持。

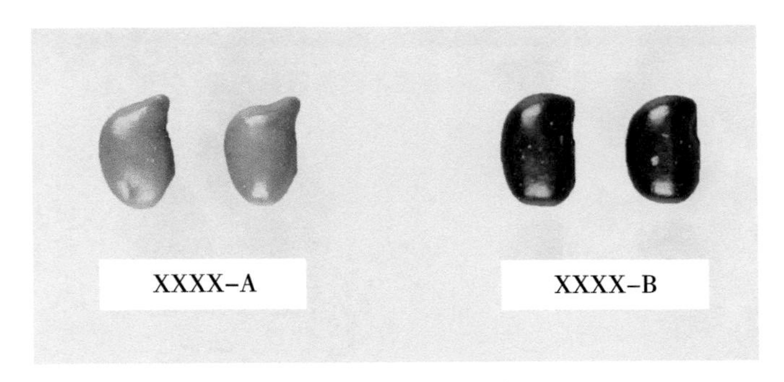


**图4-14　种子性状对比**

### （四）一致性不合格照片拍摄

对于一致性不合格照片的拍摄，可将典型表达状态与非典型表达状态并列拍摄于同一张照片中，具体拍摄参数参考特异性照片拍摄细则，效果图见图4-15A；当非典型表达状态为多个时，可参考品种描述照片拍摄细则，对典型表达状态、非典型表达状态进行逐一拍摄，效果图见图4-15B。

图4-15　一致性不合格照片拍摄

# 第五章
# 柱花草属品种DUS测试中附加性状的选择与应用

## 一、前　言

立足国家种业的发展，柱花草属等特色植物的研究备受关注，近年来柱花草属育种水平不断提升，柱花草属资源日益丰富。随着市场对柱花草属功能性产品的开发利用，育种家加大了柱花草属功能性品种培育的力度，如观赏型品种、药用型品种、饲用型品种等。其次，随着全球环境条件的改变，极端异常气候的增加，土壤环境的恶化，抗逆性品种的培育日益加强。鉴于此，柱花草属品种DUS测试的性状将不局限于目前测试指南中列出的性状，可能涉及黄酮含量等功能成分以及耐热等。

本规程前四章内容对测试指南中列出的基本性状和选测性状（基于研制阶段的资源和育种水平）的操作细节进行了详细规范，本章主要是对未列入指南中的性状（即附加性状）的选择和应用的总体原则与相关要求给予规范和指导。

## 二、基本要求

当DUS测试指南中的性状无法满足对柱花草属品种的描述，或无法充分体现某个或某类柱花草属品种与其他已知品种的区别时，可考虑附加性状的选择和应用。

附加性状可以是形态性状（如叶斑、倍性、育性等），也可以是化学性状、组合性状等。

附加性状也需满足TG/1/3中对DUS测试性状的选择标准，达到以下6个基本条件。

（1）是特定的基因型或者基因型组合的结果。植物的性状表达是由遗传因素和环境因素共同作用的结果，而遗传因素（特定的基因型或基因型组合）对性状的表达具有决定性的作用。因此，该因素是附加性状应用时应考虑的首要条件。

（2）在特定环境条件下是充分一致的和可重复的。在环境条件绝对可控的条件下，由特定基因型或基因型组合所决定的性状表达通常是一致且可重复的。因此，附加性状应用时应考虑其在特定的应用条件下能达到该要求。

（3）在品种间表现出足够的差异，能够用于确定特异性。性状的表达在品种间应具备多态性，能够区分品种。应用附加性状的目的是有效地区分品种，能够充分体现新培育品种的特异性，所以，该要素是衡量性状选择标准的条件之一。

（4）能够准确描述和识别。性状是描述和定义品种的依据，无论采用何种描述手段，都需要对每个被描述品种给予清晰的界定，通过描述，能够给品种形成一个科学合理的定义，能够有效地识别和区分品种。如果描述方式模糊，描述结果无法识别，定义和区分品种就无从谈起。

（5）能够满足一致性要求。品种内一致性的水平是由品种的繁殖特性和育种水平等因素所决定的。在当前，某些性状在品种内表现很不一致，很难达到一致性的要求，但随着育种水平的提高，新类型品种的创新，某些性状的表达在品种内能够满足一致性要求，可作为该类型品种描述和DUS测试的附加性状。

（6）能够满足稳定性要求。该要素是指经过重复繁殖或者在每一个繁殖周期结束后，该性状的表达是一致的和可重复的。无论是哪种类型的附加性状，都必须考虑其表达结果的可再现性。

## 三、附加性状的选择与应用

### （一）形态性状

随着科技的发展，柱花草属育种目标的升级，附加性状的类型是多样的，对于形态性状，只要满足以上基本要求即可。

柱花草属的形态结构见图5-1至图5-6。

**图5-1　柱花草属植株**

**图5-2　柱花草属茎**

1：花序；2：茎；3：复叶；4：托叶。

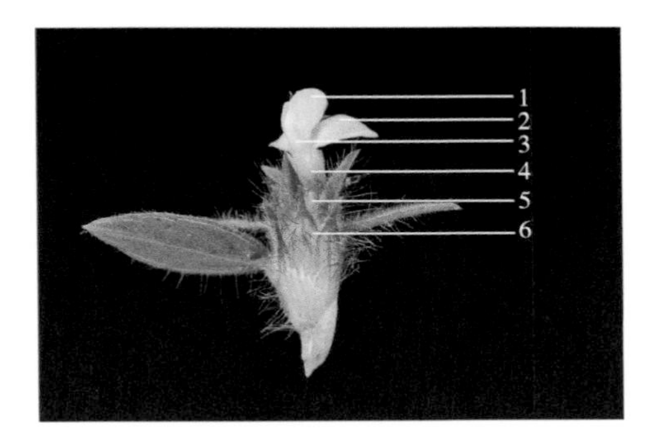


**图5-3　柱花草属花结构示意图（侧面）**

1：翼瓣；2：旗瓣；3：龙骨瓣；4：花萼；5：花梗；6：苞片。

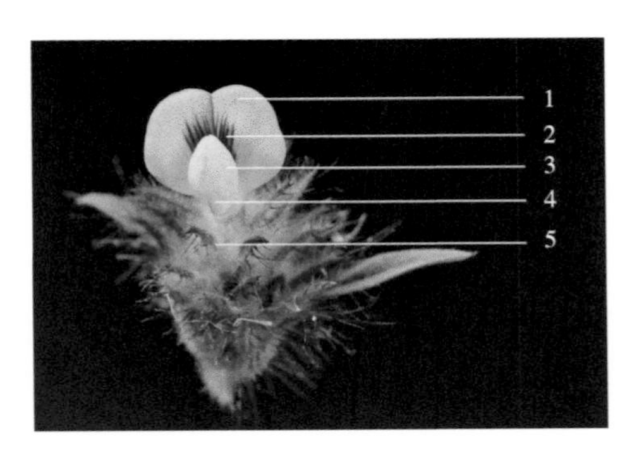


**图5-4　柱花草属花结构示意图（正面）**

1：旗瓣；2：旗瓣条斑；3：翼瓣；4：龙骨瓣；5：苞片。

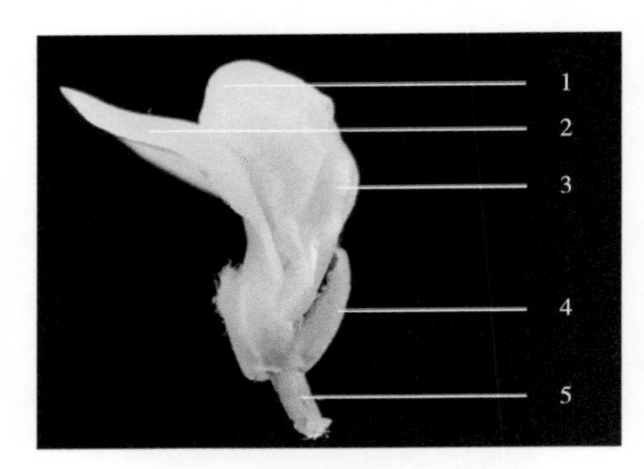


**图5-5　柱花草属小花示意图**

1：翼瓣；2：旗瓣；3：龙骨瓣；4：花萼；5：花梗。

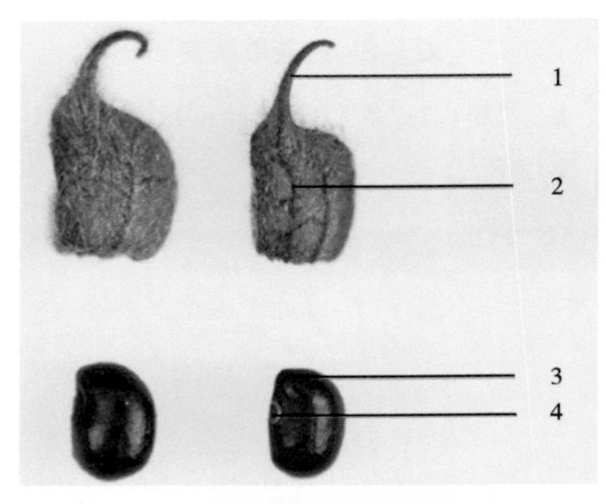


**图5-6　柱花草属荚果及种子示意图**

1：喙；2：荚果；3：种子；4：种脐。

部分性状因育种水平和资源所限，暂未列入目前的测试指南中，将来可能成为附加性状，具体实例如下。

**茎：毛花青甙显色强度**　无或极弱（1），弱（2），中（3），强（4），其描述参考见表5-1。

**表5-1　茎：毛花青甙显色分级**

| 表达状态 | 无或极弱 | 弱 | 中 | 强 |
| --- | --- | --- | --- | --- |
| 代码 | 1 | 2 | 3 | 4 |
| 参考图片 | | | | |

**叶：上表面柔毛密度**　疏（1），密（2），其描述参考见表5-2。

**表5-2　叶：上表面柔毛密度分级**

| 表达状态 | 疏 | 密 |
|---|---|---|
| 代码 | 1 | 2 |
| 参考图片 | 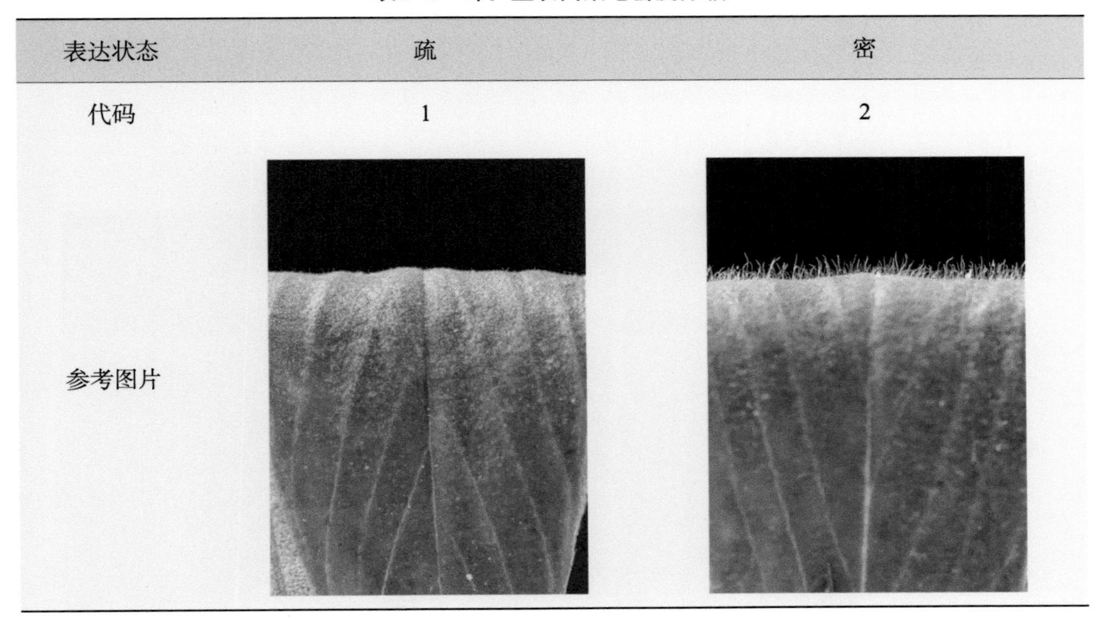 | |

**叶：上表面柔毛类型**　短柔毛（1），长柔毛（2），其描述参考见表5-3。

**表5-3　叶：上表面柔毛类型分级**

| 表达状态 | 短柔毛 | 长柔毛 |
|---|---|---|
| 代码 | 1 | 2 |
| 参考图片 | 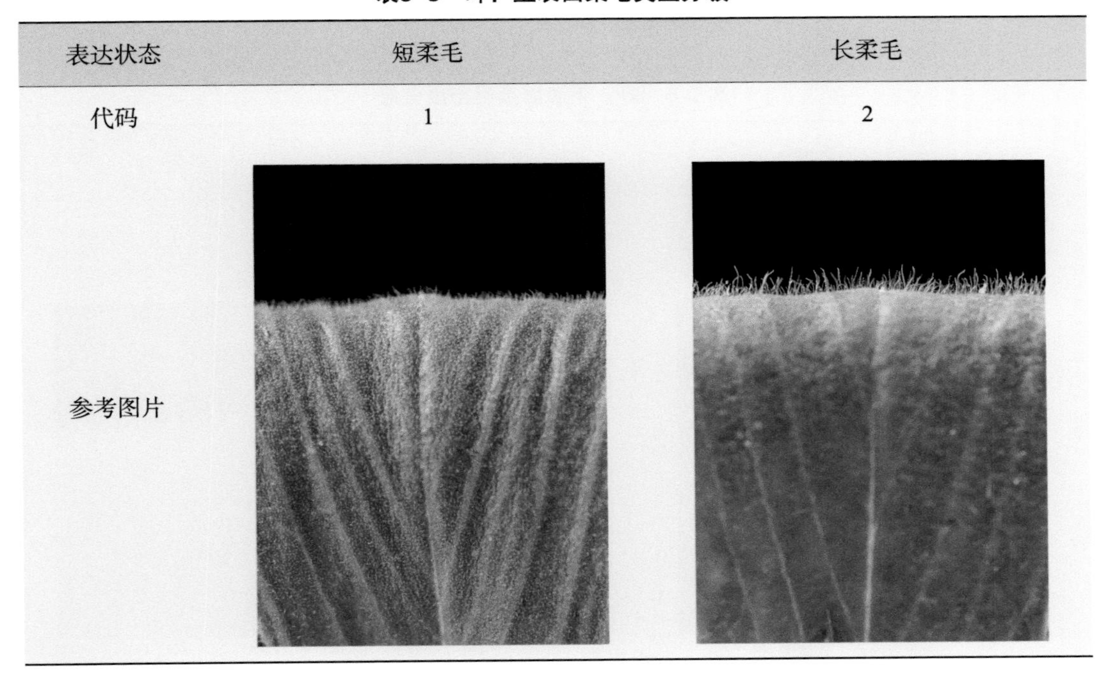 | |

叶：上表面刚毛　无（1），有（9），其描述参考见表5-4。

**表5-4　叶：上表面刚毛分级**

| 表达状态 | 无 | 有 |
| --- | --- | --- |
| 代码 | 1 | 9 |
| 参考图片 | 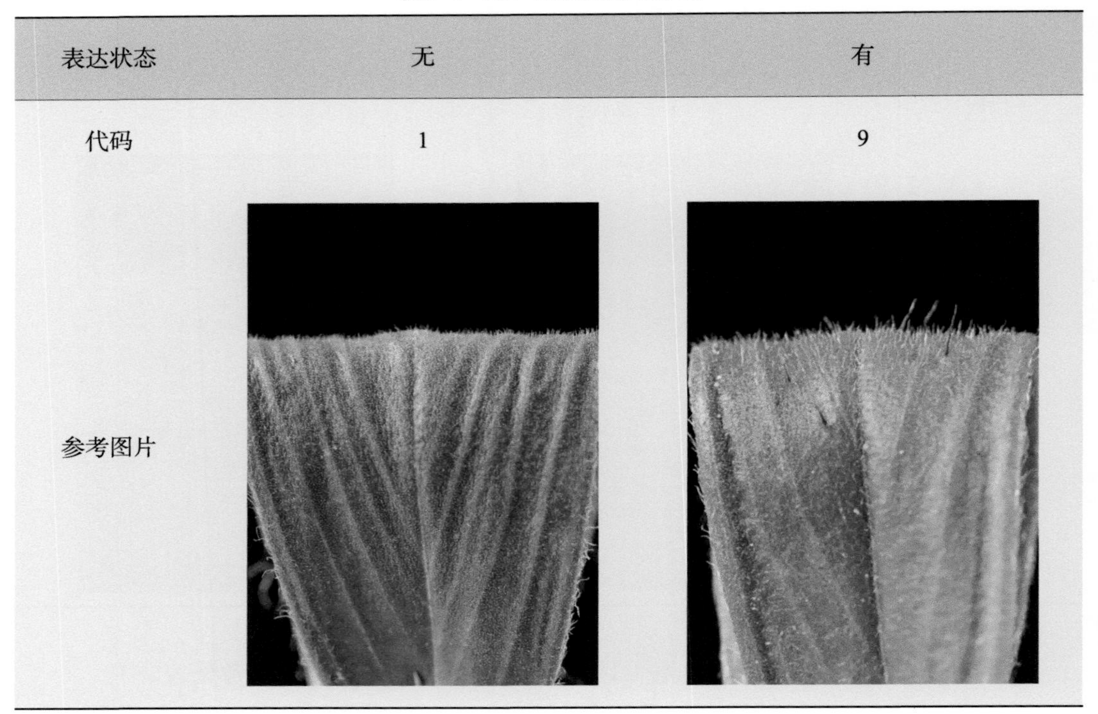 | |

叶：下表面柔毛密度　疏（1），中（2），密（3），其描述参考见表5-5。

**表5-5　叶：下表面柔毛密度分级**

| 表达状态 | 疏 | 中 | 密 |
| --- | --- | --- | --- |
| 代码 | 1 | 2 | 3 |
| 参考图片 | 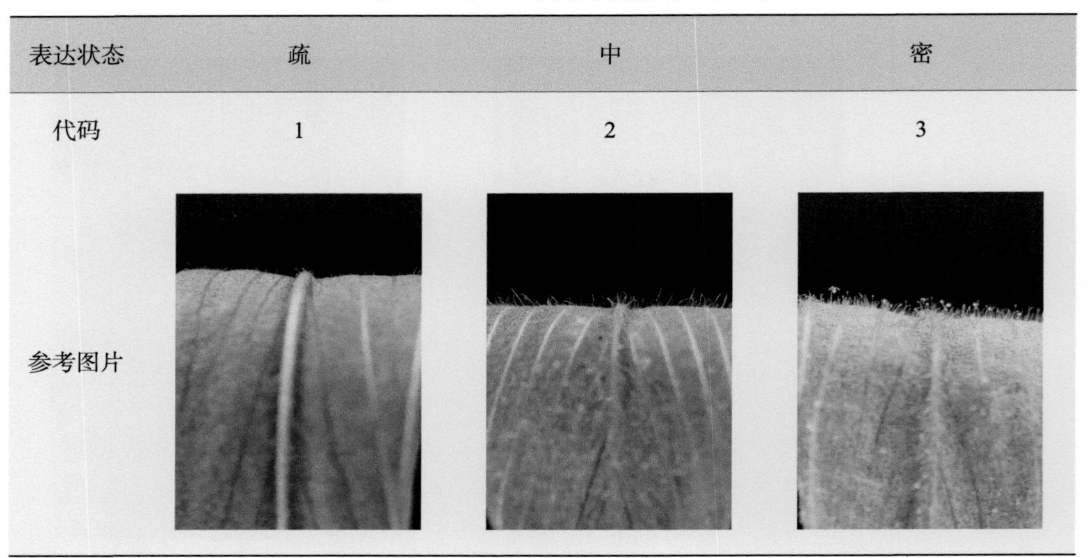 | | |

叶：下表面刚毛　无（1），有（9），其描述参考见表5-6。

**表5-6　叶：下表面刚毛分级**

| 表达状态 | 无 | 有 |
|---|---|---|
| 代码 | 1 | 9 |
| 参考图片 | | |

叶：下表面腺毛　无（1），有（9），其描述参考见表5-7。

**表5-7　叶：下表面腺毛分级**

| 表达状态 | 无 | 有 |
|---|---|---|
| 代码 | 1 | 9 |
| 参考图片 | 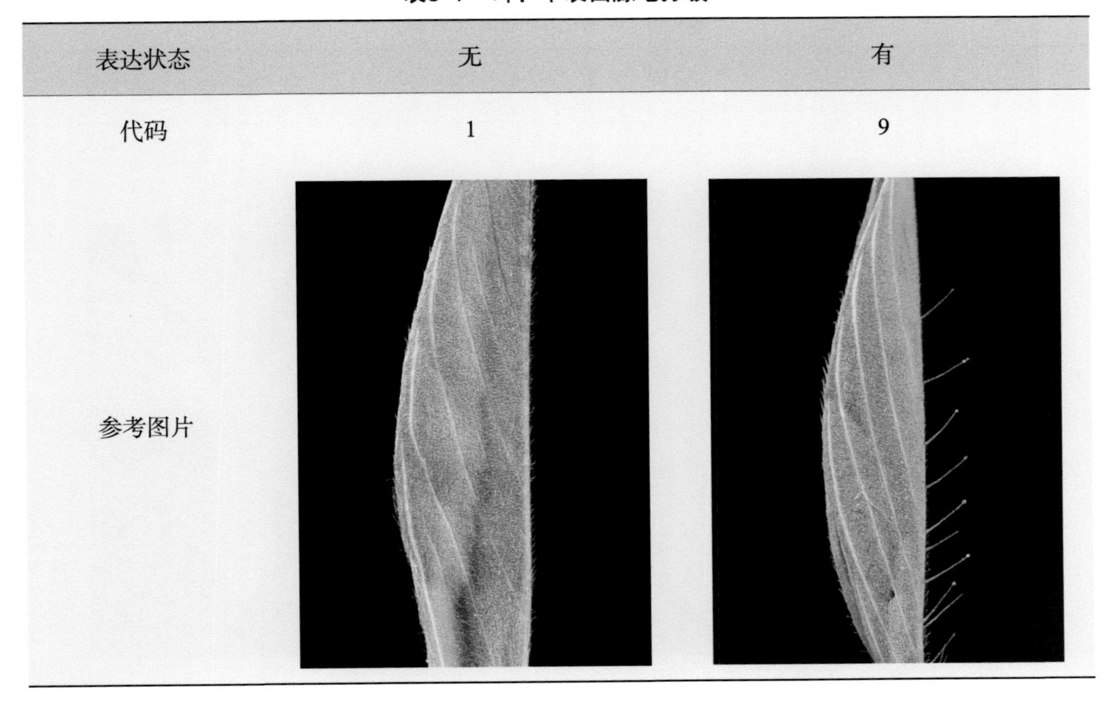 | |

叶：下表面叶脉花青甙显色　无（1），有（9），其描述参考见表5-8。

**表5-8　叶：下表面叶脉花青甙显色分级**

| 表达状态 | 无 | 有 |
| --- | --- | --- |
| 代码 | 1 | 9 |
| 参考图片 |  | |

叶柄：柔毛密度　疏（1），密（2），其描述参考见表5-9。

**表5-9　叶柄：柔毛密度分级**

| 表达状态 | 疏 | 密 |
| --- | --- | --- |
| 代码 | 1 | 2 |
| 参考图片 | 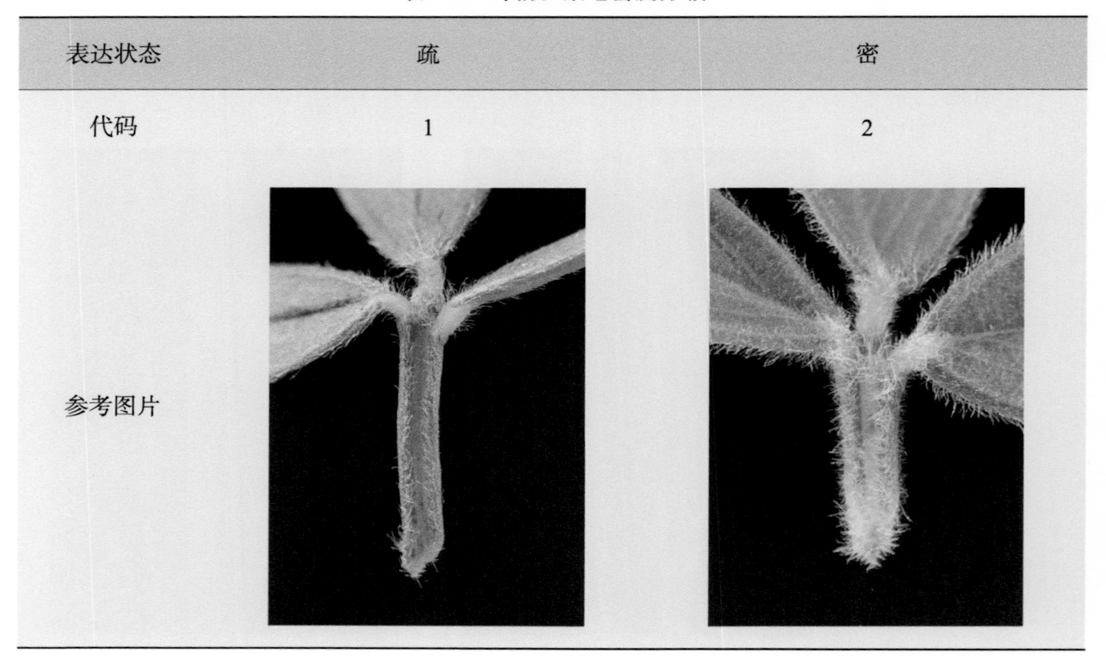 | |

叶柄：刚毛　无（1），少（2），中（3），多（4），其描述参考见表5-10。

表5-10　叶柄：刚毛分级

| 表达状态 | 无 | 少 | 中 | 多 |
|---|---|---|---|---|
| 代码 | 1 | 2 | 3 | 4 |
| 参考图片 |  | | | |

仅适用于叶柄有刚毛品种　叶柄：刚毛颜色　浅黄色（1），红色（2），其描述参考见表5-11。

表5-11　仅适用于叶柄有刚毛品种　叶柄：刚毛颜色分级

| 表达状态 | 浅黄色 | 红色 |
|---|---|---|
| 代码 | 1 | 2 |
| 参考图片 |  | |

**叶柄：腺毛** 无（1），有（9），其描述参考见表5-12。

**表5-12 叶柄：腺毛分级**

| 表达状态 | 无 | 有 |
| --- | --- | --- |
| 代码 | 1 | 9 |
| 参考图片 |  | |

**叶柄：花青甙显色** 无（1），有（9），其描述参考见表5-13。

**表5-13 叶柄：花青甙显色分级**

| 表达状态 | 无 | 有 |
| --- | --- | --- |
| 代码 | 1 | 9 |
| 参考图片 | 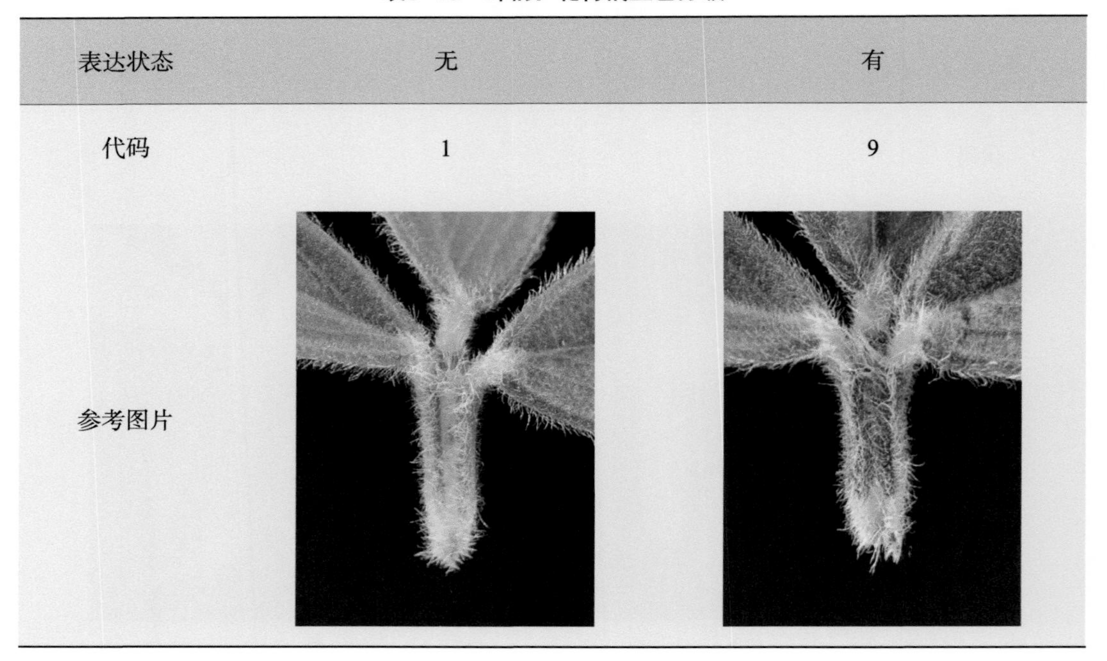 | |

叶柄：长度　短（1），中（2），长（3），其描述参考见表5-14。

表5-14　叶柄：长度分级

| 表达状态 | 短 | 中 | 长 |
| --- | --- | --- | --- |
| 代码 | 1 | 2 | 3 |
| 参考值（cm） | <0.4 | [0.4，0.9] | >0.9 |
| 参考图片 |  |  |  |

中间小叶：叶尖形状　锐尖（1），渐尖（2），钝圆（3），其描述参考见表5-15。

表5-15　中间小叶：叶尖形状分级

| 表达状态 | 锐尖 | 渐尖 | 钝圆 |
| --- | --- | --- | --- |
| 代码 | 1 | 2 | 3 |
| 参考图片 |  |  |  |

**中间小叶：叶基形状**　楔形（1），中间形（2），钝圆（3），其描述参考见表5-16。

**表5-16　中间小叶：叶基形状分级**

| 表达状态 | 楔形 | 中间形 | 钝圆 |
| --- | --- | --- | --- |
| 代码 | 1 | 2 | 3 |
| 参考图片 | 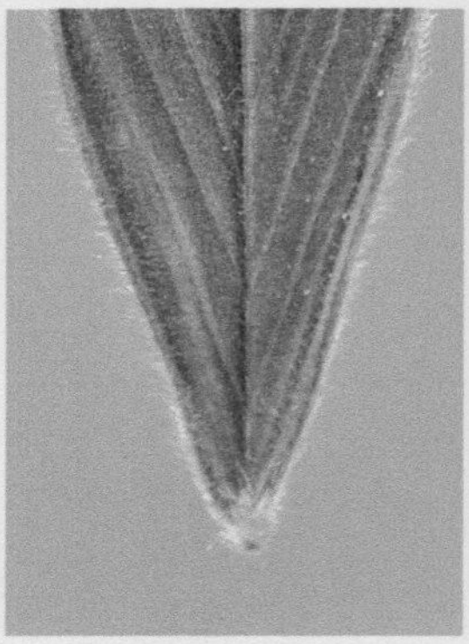 |  | 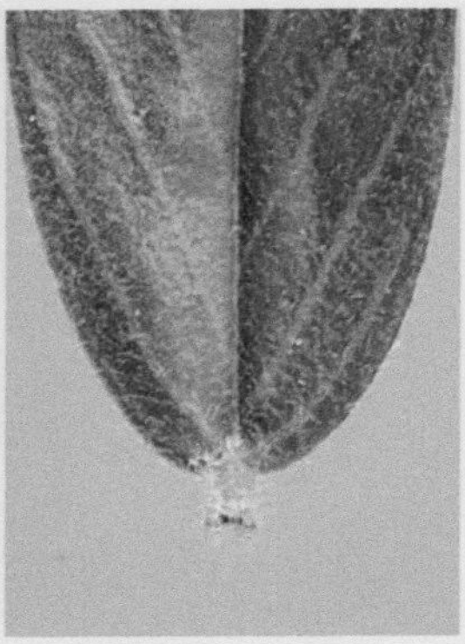 |

**中间小叶：叶缘**　全缘（1），锯齿（2），其描述参考见表5-17。

**表5-17　中间小叶：叶缘分级**

| 表达状态 | 全缘 | 锯齿 |
| --- | --- | --- |
| 代码 | 1 | 2 |
| 参考图片 | 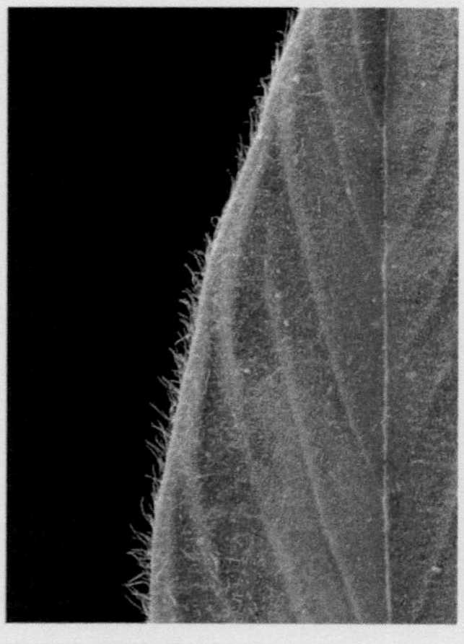 | 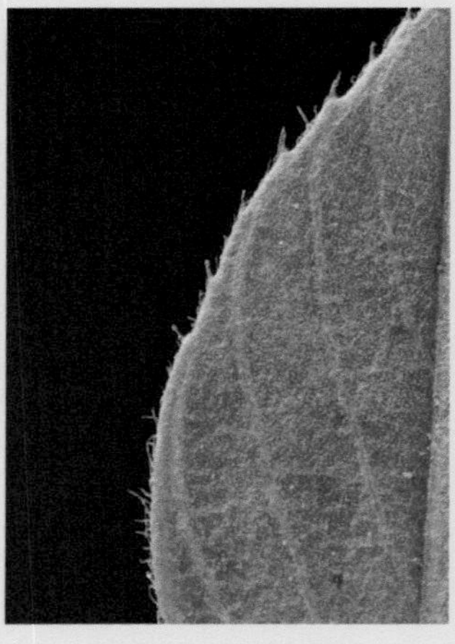 |

**托叶：刚毛**　无（1），有（9），其描述参考见表5-18。

**表5-18　托叶：刚毛分级**

| 表达状态 | 无 | 有 |
| --- | --- | --- |
| 代码 | 1 | 9 |
| 参考图片 | 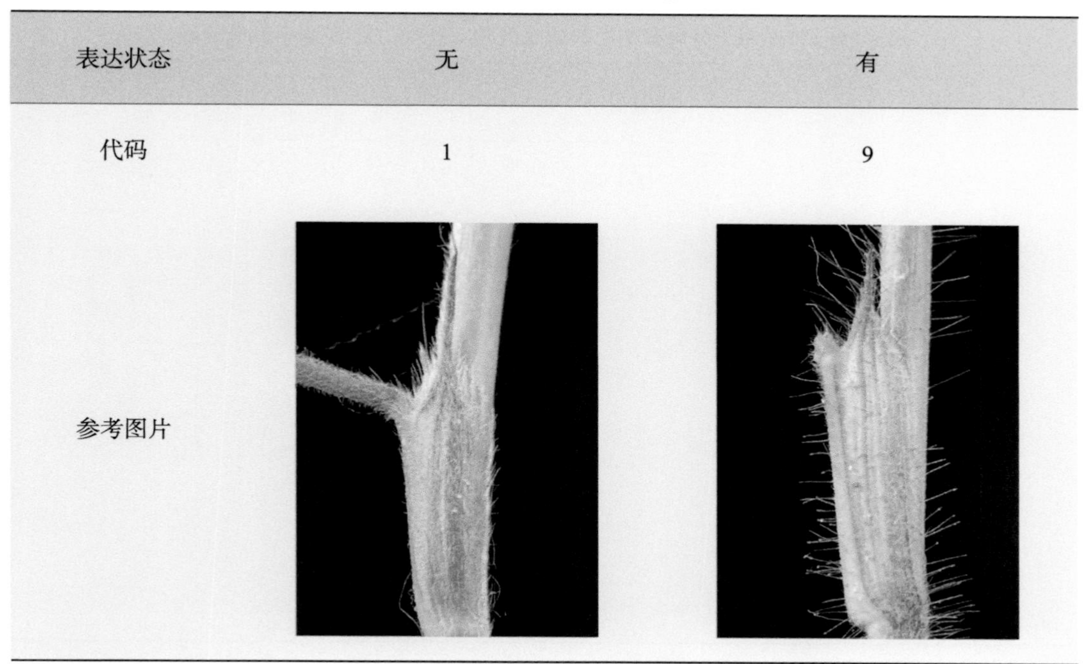 | |

**托叶：腺毛**　无（1），有（9），其描述参考见表5-19。

**表5-19　托叶：腺毛分级**

| 表达状态 | 无 | 有 |
| --- | --- | --- |
| 代码 | 1 | 9 |
| 参考图片 | 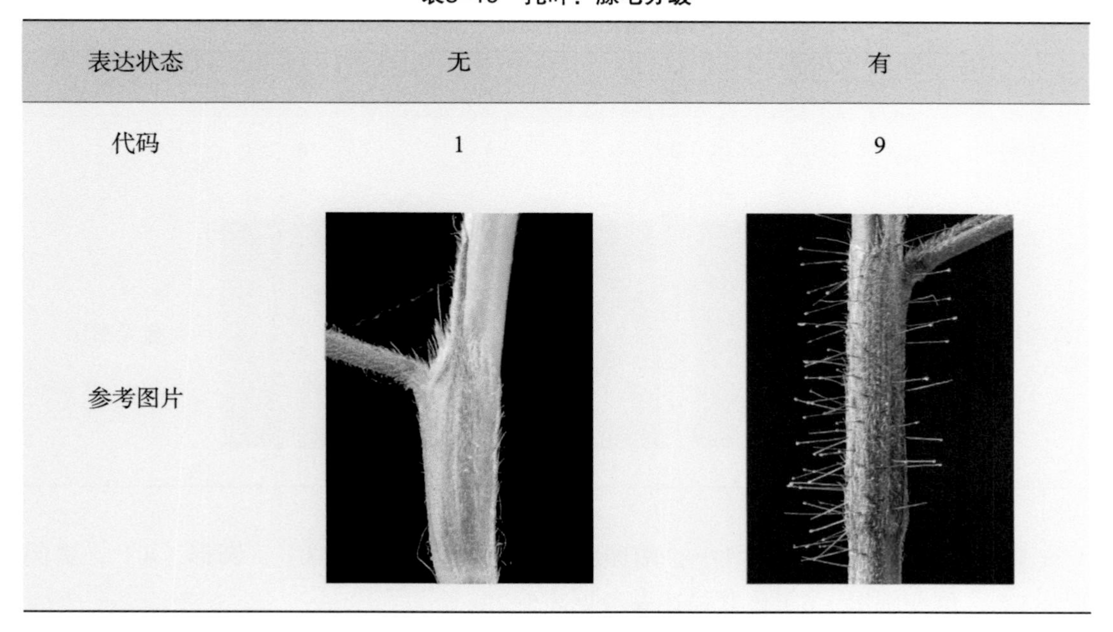 | |

**仅适用于托叶有刚毛和腺毛品种　托叶：刚毛/腺毛颜色**　浅黄色（1），红色（2），其描述参考见表5-20。

**表5-20　仅适用于托叶有刚毛和腺毛品种　托叶：刚毛/腺毛颜色分级**

| 表达状态 | 浅黄色 | 红色 |
| --- | --- | --- |
| 代码 | 1 | 2 |
| 参考图片 |  |  |

**仅适用于托叶有刚毛/腺毛品种　托叶：刚毛/腺毛密度**　极疏（1），疏（2），中（3），密（4），极密（5），其描述参考见表5-21。

**表5-21　仅适用于托叶有刚毛/腺毛品种　托叶：刚毛/腺毛密度分级**

| 表达状态 | 极疏 | 疏 | 中 | 密 | 极密 |
| --- | --- | --- | --- | --- | --- |
| 代码 | 1 | 2 | 3 | 4 | 5 |
| 参考图片 |  | 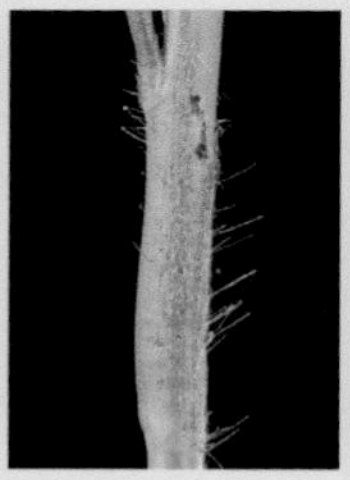 | 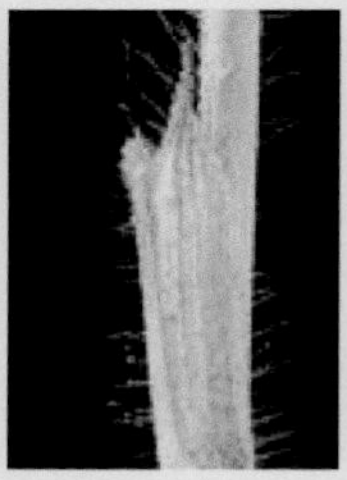 |  | 暂无图片 |

**旗瓣：形状**　卵圆形（1），阔卵圆形（2），椭圆形（3），圆形（4），扁圆形（5），倒卵圆形（6），其描述参考见表5-22。

表5-22　旗瓣：形状分级

| 表达状态 | 卵圆形 | 阔卵圆形 | 椭圆形 | 圆形 | 扁圆形 | 倒卵圆形 |
| --- | --- | --- | --- | --- | --- | --- |
| 代码 | 1 | 2 | 3 | 4 | 5 | 6 |
| 参考图片 |  |  |  |  |  |  |

仅适用于有条斑品种　旗瓣：条斑形状　条纹状（1），斑块状（2），其描述参考见表5-23。

表5-23　仅适用于有条斑品种　旗瓣：条斑形状分级

| 表达状态 | 条纹状 | 斑块状 |
| --- | --- | --- |
| 代码 | 1 | 2 |
| 参考图片 |  |  |

仅适用于有条斑品种　旗瓣：条斑显色强度　极弱（1），弱（2），中（3），强（4），极强（5），其描述参考见表5-24。

表5-24　仅适用于有条斑品种　旗瓣：条斑显色强度分级

| 表达状态 | 极弱 | 弱 | 中 | 强 | 极强 |
| --- | --- | --- | --- | --- | --- |
| 代码 | 1 | 2 | 3 | 4 | 5 |
| 参考图片 |  |  |  |  |  |

**花萼：花青甙显色** 无（1），有（9），其描述参考见表5-25。

**表5-25 花萼：花青甙显色分级**

| 表达状态 | 无 | 有 |
| --- | --- | --- |
| 代码 | 1 | 9 |
| 参考图片 | 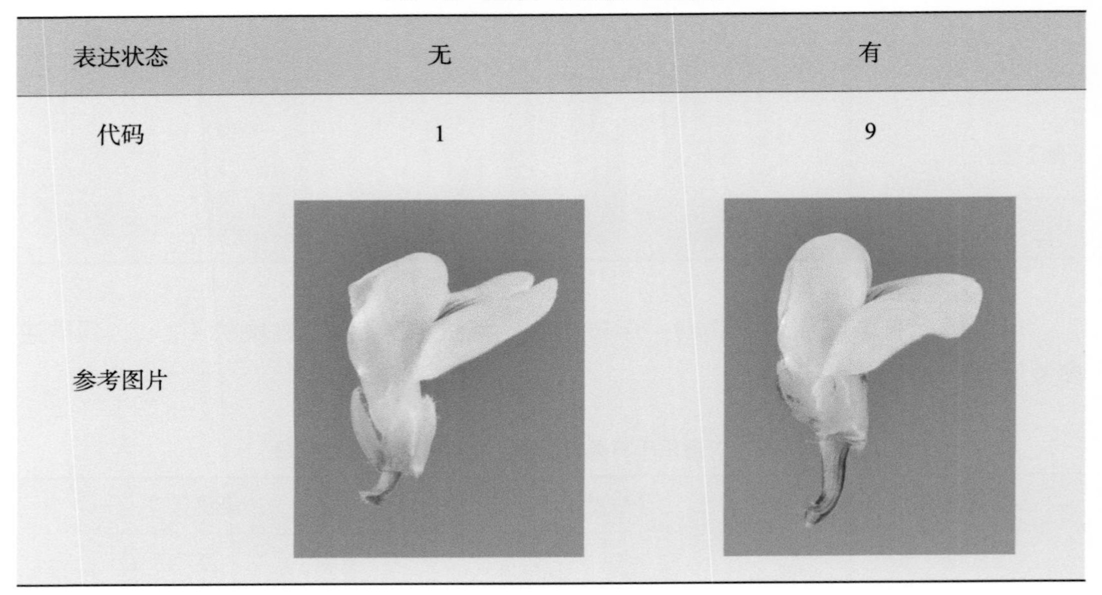 | |

**花梗：花青甙显色** 无（1），有（9），其描述参考见表5-26。

**表5-26 花梗：花青甙显色分级**

| 表达状态 | 无 | 有 |
| --- | --- | --- |
| 代码 | 1 | 9 |
| 参考图片 |  | |

**苞片：柔毛类型** 短柔毛（1），长柔毛（2），其描述参考见表5-27。

表5-27　苞片：柔毛类型分级

| 表达状态 | 短柔毛 | 长柔毛 |
| --- | --- | --- |
| 代码 | 1 | 2 |
| 参考图片 |  |  |

苞片：刚毛　无（1），有（9），其描述参考见表5-28。

表5-28　苞片：刚毛分级

| 表达状态 | 无 | 有 |
| --- | --- | --- |
| 代码 | 1 | 9 |
| 参考图片 |  |  |

苞片：腺毛　无（1），有（9），其描述参考见表5-29。

表5-29　苞片：腺毛分级

| 表达状态 | 无 | 有 |
| --- | --- | --- |
| 代码 | 1 | 9 |
| 参考图片 | 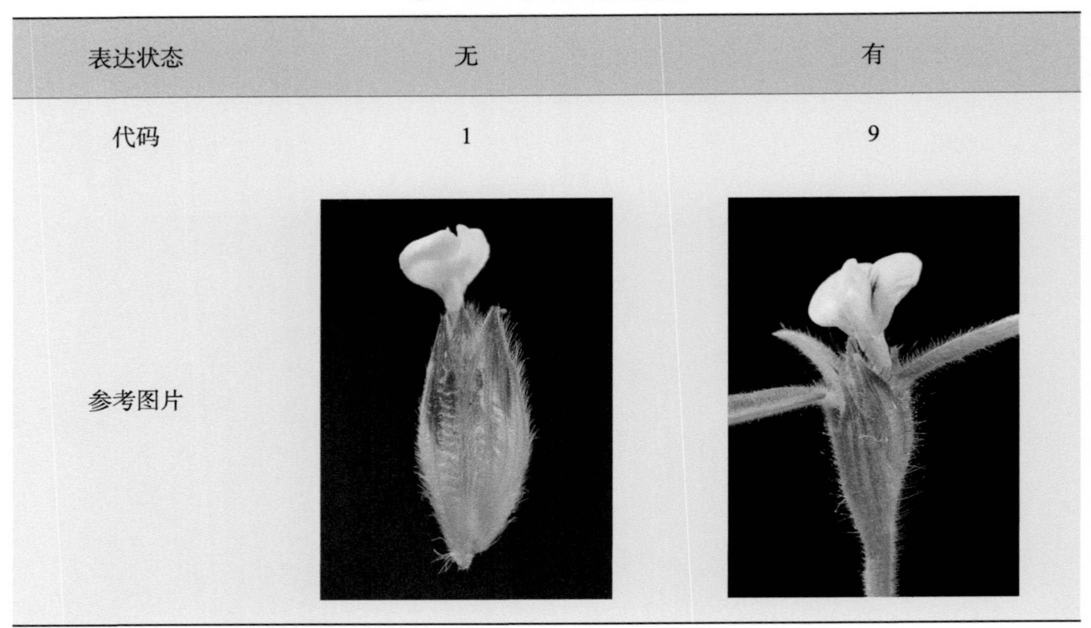 | |

苞片：花青甙显色　无（1），有（9），其描述参考见表5-30。

表5-30　苞片：花青甙显色分级

| 表达状态 | 无 | 有 |
| --- | --- | --- |
| 代码 | 1 | 9 |
| 参考图片 |  | |

（二）生理性状

花青苷诱导表达　植株前期均不显色，经光诱导后，花青苷将出现改变的情况，不显著（1），显著（9），其描述参考见表5-31。

表5-31 花青苷诱导表达分级

| 表达状态 | 不显著 | 显著 |
| --- | --- | --- |
| 代码 | 1 | 9 |
| 参考图片 | | |

# 第六章
# 柱花草属品种DUS测试结果的管理

## 一、数据管理

### 1. 总体原则

根据GB/T 19557.1《植物新品种特异性、一致性和稳定性测试指南　总则》《植物品种特异性、一致性和稳定性测试指南　柱花草属》和《结果质量控制程序》的要求，按照观测时期、数据类型与复核的时限性，在测试中或当季测试结束后，对采集的品种性状数据和图片及时整理、汇总和分析，目测性状测试结果以代码及表达状态表示；测量性状测试结果以数据、代码及表达状态表示。最后，将符合数据库管理要求的有效数据按时上传至自动化办公系统，用于在线筛选近似品种和编制测试报告。

### 2. 基本要求

测试过程中，数据的及时整理与复核十分重要，尤其是图像数据与文字数据的一致性、2个周期的品种描述数据与确认差异性状的一致性复核。根据性状类型与观测时期的持续性，过程数据的整理与复核需在1～3个工作日内完成。

第1个测试周期结束后，需要将待测品种、近似品种、标准品种的观测数据按照格式要求，形成品种描述上传至办公系统，并再次依据品种描述确认近似品种；并对有差异性状的数据加以标记，为第2周期数据的实时复核做好准备。

在第2个测试周期结束后，数据的整理与分析需在5～10个工作日内完成，便于异议情况的处理。

对于需要进行第3周期验证的品种，其第3周期数据管理的重点是复核前2个周期中出现分歧的记录或异常情况。

### 3. 异常数据的处理

根据发生环节，测试数据出现异常主要分为两大类，一类是田间测试中发生的，另一类是数据处理中发生的，包括田间采集时取样偏差，田间观测时记录错误，电子录入时错误等。

对于田间采集时取样偏差，观测数据并非来自典型植株，这类异常数据需要在测试复核中加以注明，为综合判定提供参考；对于观测时记录错误的异常数据，在证据充足的情况下，可按体系文件管理规定进行数据变更处理；对于分析出的异常值为电子录入时导致的，可按照纸质版记录直接变更即可。

对于图像数据与文字数据不一致的异常情况，需在1～3个工作日内进行复核纠正；对于2个测试周期结束后，同一性状的表达数据偏离超出可预见范围且影响特异性判定的情况，需要增加第3个周期的验证，对异常数据进行纠偏，给出综合结果。这种异常情况不排除是样品自身的问题，如2个测试周期的样品为不同种子批的样品。

## 二、特异性（可区别性）、一致性及稳定性判定

### 1. 总体原则

一致性、稳定性和特异性的判定都是基于性状进行的。一个品种的相关性状至少包括用于DUS测试的所有性状，或品种授权时其品种描述中采用的全部性状。因此，任何相关的性状无论是否列入测试指南，只要能满足DUS测试对性状的要求，都可用于特异性、一致性和稳定性的判定（如本规程第五章的附加性状）。

一致性和特异性的判定是基于同一个种植试验对待测品种进行的评价。一致性评价的是性状在品种内变异的情况，特异性评价的是性状在品种间的差异情况（与所有已知品种及同期测试品种比较）。若待测品种不能满足一致性的要求，则在第一个测试周期结束后可终止DUS测试试验，无须再进行特异性评价，也可综合2年测试结果，进行综合判定。测试过程中，一般不单独对稳定性进行测试，而是通过对品种一致性的判定来推测该品种是否具备稳定性。

### 2. 一致性的判定

柱花草属为自花授粉的豆科牧草，指南中列入了11个质量性状、6个假质量性状和15个数量性状（含选测性状），且列入指南性状的观测方式除2个性状（始花期、抗性：炭疽病）采取群体测量，其余均为群体目测，且不同品种类型的繁殖方式不同，一般为种子，对于低育或不育品种为无性繁殖方式，综合考虑我国育种及应用现状、品种特定的繁殖特性与性状表达类型，其一致性判定的方法如下（包括附加性状的选择应用）。

常规种、亲本材料或无性繁殖品种类型一致性判定时，采用0.1%的群体标准和

至少95%的接受概率。当样本大小为40～51株时，不允许有异型株；当样本大小为52～70株时，允许有1株异型株。

杂交品种或混合授粉品种一致性判定时，品种的变异程度不能显著超过同类型品种。

特殊情况下，需要增加个体测量的性状作为特异性判定依据时，其一致性判定需基于统计分析结果。

3. 稳定性的判定

《UPOV公约》1978年文本第6条第1款d项规定：品种的所有性状必须稳定。经验表明，对于大多数类型的品种而言，如果一个品种表现出足够的一致性（即具备一致性），则可认为该品种也具备稳定性。

当对稳定性产生怀疑，且必要时，可以种植该品种的一批新种子或下一批种苗，与以前提供的繁殖材料相比，若性状表达无明显变化，则可判定该品种具备稳定性。

杂交种的稳定性判定，除直接对杂交种本身进行测试外，还可以通过对其亲本的一致性和稳定性鉴定的方法进行判定。

4. 特异性的判定

待测品种应明显区别于所有已知品种。在测试中，当待测品种至少在一个性状上与近似品种具有明显且可重现的差异时，即可判定待测品种具备特异性。

明显且可重现的差异，指在2～3个测试周期中，待测品种与近似品种有明显可见的差异，且该差异性状的差异程度和方向是可重现的，即一致的差异。差异的显著性可基于代码或统计分析的结果判定。

明显不可重现或重现但不明显的差异均不可作为特异性判定的依据。

## 三、测试报告编制与审核

完成2个生长周期测试后，测试员根据2年的数据分析结果，结合测试过程中有关品种表现的详细记录，对测试品种的特异性、一致性和稳定性进行判定和评价，在线完成测试报告的编制提交。测试分中心业务副主任或技术负责人对测试报告的文字数据、图像数据、近似品种、编制结论、结果等进行全面审核，审核通过后在线提交给测试分中心主任（或行政副主任）批准。批准人、审核人发现有问题或有疑问的测试报告，直接反馈给相关责任人，需要重新编制的报告须逐级退回。

测试报告由报告首页、性状描述表和图像描述三部分组成（附例17）。此外，可能出现下列情况：①待测品种不具备一致性，报告中需附上“一致性测试不合格结果表”（附例18）；②待测品种不具备特异性，报告中需附上“性状描述对比表”（附例19）；③必要时，报告中需附上某个数量性状的具体统计分析表。

测试报告在线批准后，测试员即可在线生成和打印测试报告，并按要求在“图像描述”页面贴上所需照片。纸质测试报告一式三份，相关人员签字和盖章后，两份提供给测试中心或者其他委托人，一份副本由测试分中心归档保存。

## 四、问题反馈与处理

若测试过程中出现了问题，应及时向主管部门和审查员或其他委托人反馈，书面征求处理意见。例如，种子发芽率过低、植株定植后不能正常生长、自然灾害或人为因素造成试验材料或数据损失等情况，要及时汇报沟通，并采取切实有效的补救措施。

案例1：由于种子发芽率不合格，无法继续进行测试，跟委托方沟通后决定在当年撤销该品种DUS测试，函模板见附例20-1。

案例2：由于运送过程造成种苗损毁严重，无法继续进行测试，优先跟委托方沟通有无多余种苗可补送，如有即刻安排补送，第一批苗按照委托方意愿处理（退回/销毁），如没有即终止当年DUS测试，函模板见附例20-2。

## 五、收获物处理

田间测试结束后，可刈割地上部分，进行饲料化处理，地下部分整地还田；也可直接采用机器深翻全部小区，进行还田处理。

## 六、测试资料归档

测试资料为质量控制、侵权鉴定等活动的重要溯源依据，需严格按照分中心体系文件中《档案管理与保密制度》《文件控制和管理程序》的相关规定进行归档，正确编码，有序造册，规范保存。测试过程中产生的一切数据、文字、图像等纸质或电子版资料，都应及时整理归档，包括测试任务书/委托协议、样品委托单、繁材接收单、样品流转单、田间种植清单、田间种植平面图、试验实施方案、栽培管理记录、性状测试（数据采集）记录表、数据处理备忘录、测试报告与审核备忘录、测试工作总结、图像资料、异常情况反馈函及其他相关资料。

# 附 件

附例1

## 测试单位繁材接收清单

**测试地点：儋州** **分种日期：XXXX-XX-XX**

| 试验编号 | 测试编号 | 品种名称 | 繁材类型 | 测试备注 |
|---|---|---|---|---|
| 2021-儋州-柱花草属-1 | 2021-XX01A | XXXX | 种子 | |
| 2021-儋州-柱花草属-1 | 2021-XX02A | XXXX | 种苗 | |
| …… | | | | |
| | | | | |
| | | | | |
| | | | | |
| | | | | |
| | | | | |
| | | | | |

合计：XX份

取样人： 分样人：

取样日期： 分样日期：

附例2

# 植物品种委托测试协议书

甲方：

乙方：中国热带农业科学院热带作物品种资源研究所

农业农村部植物新品种测试（儋州）分中心

甲方委托乙方对提供的XXX品种（每一批次委托测试品种清单见双方盖章有效的附件）进行特异性、一致性和稳定性测试（以下简称DUS测试）。经协商，双方达成如下委托测试协议。

1.甲方委托乙方对甲方提供的品种进行_1_个生长周期的DUS测试，乙方应在全部田间测试结束后2个月内向甲方提供测试报告一式_2_份（注：1个周期的测试结果包括品种描述、一致性结果，在2个生长周期的DUS测试结束后提供DUS三性的最终结论）。

2.按照DUS测试繁殖材料的数量和质量要求，甲方应及时提供合格的繁殖材料。

3.甲方对品种繁殖材料的真实性负责。

4.甲方应及时提供委托品种的技术问卷。乙方按照技术问卷内容，以及_柱花草_DUS测试指南组织DUS测试。

5.在DUS测试中如遇因特殊情况导致试验中止或无效，乙方应及时通知甲方。

6.甲方应于本协议书签字生效后_XXX_个工作日内，一次性支付乙方委托费用，费用按每个样品_XXX_元1个周期计算，合计费用为元，样品数量及基本信息详见后文待测样品清单。

7.因不可抗力（如地震、洪水、火灾、台风等）导致DUS测试结果异常或报废，甲方要求终止委托时，乙方不退还甲方剩余的DUS测试费用；甲方同意继续委托DUS测试时，乙方继续开展DUS测试，并向甲方收取继续开展DUS测试的费用。

8.因其他原因导致DUS测试结果异常或报废，甲方要求终止委托时，乙方应退还剩余的DUS测试费用。甲方同意继续测试时，乙方应继续开展DUS测试，并不得重新收取DUS测试费用。

9.乙方所出具的报告仅对甲方提供的样品负责。

10.本委托书一式_4_份，双方签章生效，各保存2份，有效期1年。

11.因光温因素导致品种的表达不充分造成结果无效责任由甲方承担，委托测试品种应适宜在测试机构所在的生态区域种植。

12.其他未尽事宜以双方协议补充为准。

13.委托测试费用支付。

开户行：XXX

账号：XXX

户名：XXX

附件：待测样品清单与近似样品清单

甲方：

（盖章）

代表人：（签字）

地址：

邮编：

联系人：

手机：

年 月 日

乙方：中国热带农业科学院热带作物品种资源研究所

农业农村部植物新品种测试（儋州）分中心

（盖章）

代表人：（签字）

地址：海南省儋州市宝岛新村中国热带农业科学院品资所

邮编：571737

联系人：

电话：

年 月 日

## 待测样品清单

单位（盖章）########## 日期：　　年　月　日

| 编号 | 品种名称 | 植物种类 | 繁材类型 | 保藏号 | 适种区域 | 定植期 | 选育单位 | 联系人 | 联系方式 |
|---|---|---|---|---|---|---|---|---|---|
| 2021001 | XXX | 柱花草属 | 杂交种 | 无 | 海南等热区 | 春播 | XXX | XXX | XXX |

## 近似样品清单

| 编号 | 品种名称 | 植物种类 | 繁材类型 | 保藏号 | 适种区域 | 定植期 | 选育单位 | 说明 |
|---|---|---|---|---|---|---|---|---|
| J2021001 | XXX | 柱花草属 | 杂交种 | 无 | 海南等热区 | 春播 | — | 作为待测样品XX的近似样品 |

注：1.繁材类型，柱花草常规种/杂交种。

2.播期，春/夏/秋/冬播等。

3.保藏编号，若繁殖材料已提交到农业农村部植物品种标准样品库，则需提供保藏编号。

附例3

# 农业农村部植物新品种测试（儋州）分中心植物品种委托测试样品委托单

共　　页 第　　页

<table>
<tr><td colspan="2">委托单位<br>（盖章）</td><td colspan="2"></td><td>联系人</td><td>联系电话</td><td colspan="2"></td><td>报告<br>要求</td><td>□加急　□普通</td><td>送样方式</td><td>□邮寄<br>□面送</td></tr>
<tr><td rowspan="2">寄（送）<br>样人</td><td>姓名</td><td></td><td rowspan="2">寄（送）<br>时间</td><td rowspan="2"></td><td rowspan="2">样品数量<br>（个）</td><td>待测样品</td><td></td><td rowspan="2">样品<br>类型</td><td rowspan="2">□种子　□种苗</td><td rowspan="2">不符样品<br>处理方式</td><td rowspan="2">□退回<br>□销毁</td></tr>
<tr><td>电话</td><td></td><td>近似样品</td><td></td></tr>
<tr><td>序号</td><td>品种<br>名称</td><td>作物<br>种类</td><td>繁材类型</td><td>适种区域</td><td>适宜<br>播期</td><td>样品量<br>（克/株）</td><td colspan="2">生产年份</td><td>测试方式</td><td>报告<br>用途*</td><td>备注</td></tr>
<tr><td>1</td><td></td><td></td><td></td><td></td><td></td><td></td><td colspan="2"></td><td>□A　□B</td><td></td><td>待测样品</td></tr>
<tr><td>2</td><td></td><td></td><td></td><td></td><td></td><td></td><td colspan="2"></td><td>□A　□B</td><td></td><td>作为XXX样品的近似样品</td></tr>
<tr><td>寄<br>（送）<br>样须知</td><td colspan="11">1.寄（送）样人应逐项认真填写本单，□选择项用“√”划定；无内容划“—”，未尽内容请在备注栏内注明，对上述内容确认后签字；委托单位须对其内容进行审核，并确认盖章，对其样品真实性负责。<br>2.承接单位接收样品时，根据样品委托单核实样品，填写样品核实处理情况，签章有效。<br>3.测试方式：A.田间测试，B.现场考察。测试报告用途：品种审定（绿色通道）/品种登记/品种权申请预测/其他（请注明）。</td></tr>
<tr><td colspan="2">寄（送）样人<br>（签名）</td><td colspan="2"></td><td>接样人<br>（签名）</td><td colspan="2"></td><td colspan="2">签收日期</td><td colspan="3">年　月　日</td></tr>
<tr><td colspan="2">样品核实<br>处理情况</td><td colspan="5">□符合，正常接收；　□不符合，退回；　□不符合，销毁；<br>□其他（具体说明：________________）</td><td colspan="2">承接单位<br>（签章）</td><td colspan="3">年　月　日</td></tr>
</table>

附例4

# ______分中心____年度____作物DUS测试样品接收登记表

共　　页 第　　页

| 送样方式 | □邮寄 □面送 | 送样单位 | | 送样人 | | | 送样电话 | | 接样方式 □A □B □C □D |
|---|---|---|---|---|---|---|---|---|---|
| 序号 | 待测品种名称 | 品种类型 | 样品编号 | 待测样品数量（克/株） | 近似品种名称 | 近似样品数量（克/株） | 测试周期 | 材料来源 | 备注 |
| | | | | | | | | | |
| | | | | | | | | | |
| | | | | | | | | | |
| | | | | | | | | | |
| | | | | | | | | | |
| | | | | | | | | | |
| 接样须知 | 1.接样人应逐项认真填写本单，□选择项用“√”划定；无内容划“—”或填写“不详”，未尽内容请在备注栏内注明；对上述内容确认后签字；主测人对其内容进行审核，确认后签字有效。<br>2.接样方式分为4种：A.邮局领取，B.单位代签自取，C.快递签收，D.面收 | | | | | | | | |
| 接样人（签名） | | 接样日期 | 年　月　日 | 主测人（签名） | | | 日期 | 年　月　日 | |

附例5

## 农业农村部植物新品种测试（儋州）分中心植物品种DUS测试样品流转单

共　　页 第　　页

<table>
<tr><th>序号</th><th>测试编号</th><th>保藏编号</th><th>作物种类</th><th>繁材类型</th><th>使用结果</th><th>是否有剩余样品</th><th>剩余样品量（克/株）</th><th>剩余样品存放位置</th><th>备注</th></tr>
<tr><td></td><td></td><td></td><td></td><td></td><td>X年X月X日定植，成活率为XX</td><td>□ 是<br>□ 否</td><td></td><td>活体保存圃XX号区</td><td></td></tr>
<tr><td></td><td></td><td></td><td></td><td></td><td>X年X月X日播种，发芽率为XX</td><td>□ 是<br>□ 否</td><td></td><td>分中心冷库XX排XX号</td><td></td></tr>
<tr><td></td><td></td><td></td><td></td><td></td><td></td><td></td><td></td><td></td><td></td></tr>
<tr><td></td><td></td><td></td><td></td><td></td><td></td><td></td><td></td><td></td><td></td></tr>
<tr><td></td><td></td><td></td><td></td><td></td><td></td><td></td><td></td><td></td><td></td></tr>
<tr><td></td><td></td><td></td><td></td><td></td><td></td><td></td><td></td><td></td><td></td></tr>
<tr><td colspan="2">注意事项</td><td colspan="8">1.样品交接过程中应逐项认真填写本单，无内容划“—”或填写“不详”，未尽内容请在备注栏内注明；对内容确认后签字；<br>2.领用及使用人员需认真核实样品，并签字确认。</td></tr>
<tr><td colspan="2">业务室（分发人）签字</td><td></td><td>测试室（接收人）签字</td><td></td><td>测试室（使用人）签字</td><td colspan="2"></td><td>测试室（接收人）签字</td><td></td></tr>
<tr><td colspan="2">转交日期</td><td colspan="3">年　月　日</td><td>业务室（分发人）签字</td><td colspan="2"></td><td>确认日期</td><td>年　月　日</td></tr>
</table>

附例6

# 检测报告

No：　　　　　　　　　　　　　　　　　　　　　　　　　　　　　　　　　　共　　页 第　　页

<table>
<tr><td rowspan="2">作物种类</td><td rowspan="2">柱花草属</td><td>品种名称</td><td>XXXX</td></tr>
<tr><td>商标</td><td>—</td></tr>
<tr><td>受检单位</td><td>XXXX</td><td>检测类别</td><td>委托检测</td></tr>
<tr><td>生产单位</td><td>—</td><td>自报等级、状态</td><td>袋装（非密封）</td></tr>
<tr><td>抽样地点</td><td>—</td><td>抽（到）样日期</td><td>XXXX年XX月XX日</td></tr>
<tr><td>样品数量</td><td>XXX克</td><td>抽（送）样者</td><td>XXX</td></tr>
<tr><td>抽样基数</td><td>—</td><td>原编号或<br>生产日期</td><td>—</td></tr>
<tr><td>检测项目</td><td colspan="3">发芽率</td></tr>
<tr><td>检测依据</td><td>GB 2930.4—2001</td><td>判定依据</td><td>—</td></tr>
<tr><td>所用主要仪器</td><td>人工气候箱</td><td>实验环境条件</td><td>满足要求</td></tr>
<tr><td>检测结论</td><td colspan="3">该样品经检测，发芽率为XX%。<br><br>签发日期　　年　月　日</td></tr>
<tr><td>备注</td><td colspan="3"></td></tr>
<tr><td colspan="4">批准：　　　　　　　　审核：　　　　　　　　制表：</td></tr>
</table>

附例7-1

# 农业农村部植物新品种测试（儋州）分中心植物品种DUS测试样品入库登记表

共　　页 第　　页

| 序号 | 品种名称 | 保藏编号 | 作物种类 | 繁材类型 | 入库样品类型 | | | 样品包装状况 | | | 样品量（克/株） | 保存位置 | 备注 |
|---|---|---|---|---|---|---|---|---|---|---|---|---|---|
| | | | | | 标准样 | 正样（剩余样品） | 副样 | 正常 | 破损 | 标签模糊 | | | |
| | | | | | | | | | | | | | |
| | | | | | | | | | | | | | |
| | | | | | | | | | | | | | |
| | | | | | | | | | | | | | |
| | | | | | | | | | | | | | |
| | | | | | | | | | | | | | |
| 入库须知 | 样品保管员应逐项认真填写本单，□选择项用“√”划定；无内容划“—”或填写“不详”，未尽内容请在备注栏内注明；对上述内容确认后签字。 | | | | | | | | | | | | |
| 入库样品总份数 | | 入库人（签名） | | | 校核人（签名） | | | | | | 入库日期 | 年　月　日 | |

附例7-2

## 农业农村部植物新品种测试（儋州）分中心植物品种DUS测试样品入圃登记表

共　　页 第　　页

| 序号 | 品种名称 | 保藏编号 | 作物种类 | 繁材类型 | 入圃繁材数量（株） | 入圃繁材状态 | 入圃保存位置 | 备注 |
|---|---|---|---|---|---|---|---|---|
| | | | | | | | | |
| | | | | | | | | |
| | | | | | | | | |
| | | | | | | | | |
| | | | | | | | | |
| | | | | | | | | |
| 入圃须知 | | 1.样品保管员应逐项认真填写本单，无内容划“—”或填写“不详”，未尽内容请在备注栏内注明；对上述内容确认后签字；<br>2.入圃繁材状态：无其他情况填写正常，其他情况详细说明。 | | | | | | |
| 入圃样品总份数 | | 入圃人（签名） | | 校核人（签名） | | 入圃日期 | 年　月　日 | |

附例8

# 农业农村部植物新品种测试（儋州）分中心样品处理申报单

共　　页　第　　页

| 序号 | 样品名称 | 作物种类 | 繁材类型 | 处理数量 | 处理原因 | 处理方式 | 退回地址及收件人 | 销毁方法 | 备注 |
|---|---|---|---|---|---|---|---|---|---|
|  |  |  |  |  |  | □退回　□销毁 |  |  |  |
|  |  |  |  |  |  |  |  |  |  |
|  |  |  |  |  |  |  |  |  |  |
|  |  |  |  |  |  |  |  |  |  |
|  |  |  |  |  |  |  |  |  |  |
|  |  |  |  |  |  |  |  |  |  |
|  |  |  |  |  |  |  |  |  |  |
| 注意事项 | 样品处理申请人应逐项认真填写本单，□选择项用“√”划定；无内容划“—”或填写“不详”，未尽内容请在备注栏内注明；对上述内容确认后签字。 |  |  |  |  |  |  |  |  |
| 申请人（签名） |  | 审核人（签名） |  | 经办人（签名） |  | 日期 | 年　月　日 |  |  |

附例9

# 农业农村部植物新品种测试（儋州）分中心无性繁材更新登记表

共　　页 第　　页

| 序号 | 品种名称 | 保藏编号 | 作物种类 | 繁材类型 | 繁材更新数量（株） | 繁材更新原因 | 更新后繁材保存位置 | 备注 |
|---|---|---|---|---|---|---|---|---|
| | | | | | | | | |
| | | | | | | | | |
| | | | | | | | | |
| | | | | | | | | |
| | | | | | | | | |
| | | | | | | | | |
| | | | | | | | | |
| 注意事项 | 样品保管员应逐项认真填写本单，无内容划“—”或填写“不详”，未尽内容请在备注栏内注明；对上述内容确认后签字。 | | | | | | | |
| 登记人（签名） | | 审核人(签名) | | 更新校核人(签名) | | 日期 | 年　月　日 | |

附例10

# XX年度柱花草属DUS测试品种田间排列种植单

**测试员：** **登记日期：**

| 序号 | 区号 | 品种名称 | 小区行数 | 测试周期 | 第XX次重复 | 品种类型 | 备注 |
| --- | --- | --- | --- | --- | --- | --- | --- |
| | | | | | | | |
| | | | | | | | |
| | | | | | | | |
| | | | | | | | |
| | | | | | | | |
| | | | | | | | |
| | | | | | | | |
| | | | | | | | |

附例11

# XX年度柱花草属DUS测试品种田间种植平面图

**测试员：** **种植日期：**

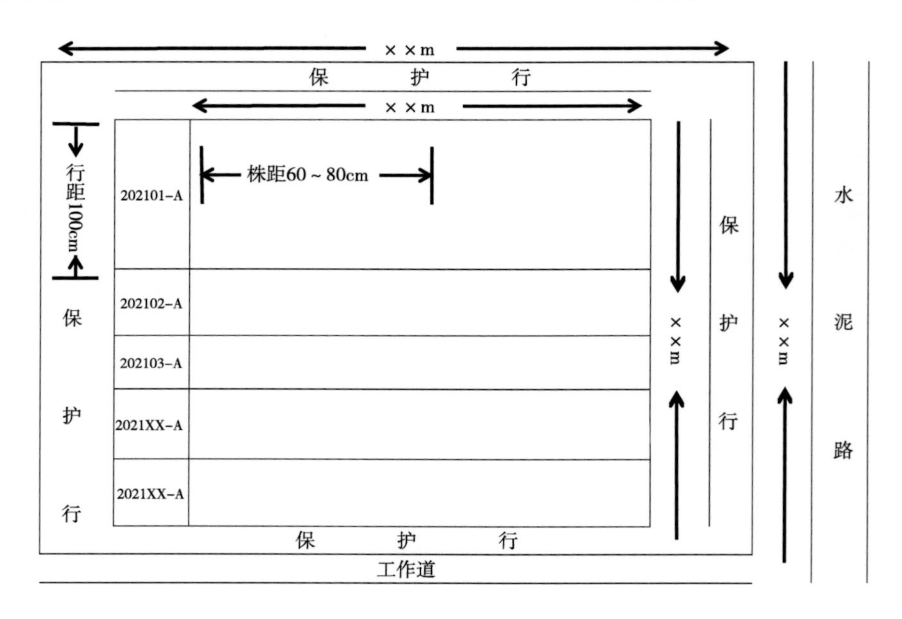

附例12

## XX年度柱花草属测试品种生育期记录表

| 品种编号 | 日期 | 幼苗期 | 营养生长期 | 始花期 | 盛花期 | 结荚期 | 种子成熟期 |
|---|---|---|---|---|---|---|---|
| | | | | | | | |
| | | | | | | | |
| | | | | | | | |
| | | | | | | | |
| | | | | | | | |
| | | | | | | | |
| | | | | | | | |
| | | | | | | | |

附例13

# XX年度柱花草属测试品种目测性状记录表

测试员：

| 性状 | | 品种编号 | | | | |
|---|---|---|---|---|---|---|
| | | | | | | |
| 1 | 幼苗：下胚轴花青甙显色强度(05) | | | | | |
| 2 | 植株：生长型（35） | | | | | |
| 3.1 | 仅适用于半灌木品种<br>植株：生长习性（35） | | | | | |
| 3.2 | 仅适用于草本品种<br>植株：生长习性（35） | | | | | |
| 4 | 植株：草层高度（43） | | | | | |
| 5 | 茎：毛（43） | | | | | |
| 6 | 茎：柔毛（43） | | | | | |
| ... | ..... | | | | | |
| 28 | 种子：形状（68） | | | | | |
| 29 | 种皮：颜色（68） | | | | | |
| 30 | 种皮：斑纹（68） | | | | | |

附例14

# XX年度柱花草属测试品种图像数据采集记录表

**测试员：**

| 品种编号 | 采集时间 | 植株<br>（始花期） | 茎<br>（始花期） | 叶<br>（盛花期） | 花<br>（盛花期） | 种子<br>（完熟期） |
|---|---|---|---|---|---|---|
| | | | | | | |
| | | | | | | |
| | | | | | | |
| | | | | | | |
| | | | | | | |
| | | | | | | |
| | | | | | | |

附例15

# XX年度柱花草属种子收获记录表

**测试员：**

| 品种编号 | 收获日期 | 收获数量 | 收获人 | 存放地点 | 备注 |
| --- | --- | --- | --- | --- | --- |
| | | | | | |
| | | | | | |
| | | | | | |
| | | | | | |
| | | | | | |
| | | | | | |
| | | | | | |
| | | | | | |
| | | | | | |
| | | | | | |

附例16

# XX年度柱花草属测试品种栽培管理记录及汇总表

**测试员：**

| 试验信息 | | | | | | | |
|---|---|---|---|---|---|---|---|
| 试验地点： | | 地块面积： | | 试验地土质： | | 前茬作物： | |
| | | | | | | | |
| 区组划分： | | 小区面积： | | 行距： | | 株距： | |
| | | | | | | | |
| 种植方式： | | 定植株数： | | 标准品种种植设计： | | | |
| 田间管理措施 | | | | | | | |
| 定植日期： | | | | | | | |
| 浇水 | 日期 | 内容 | | | | | |
| | | | | | | | |
| | | | | | | | |
| | | | | | | | |
| | | | | | | | |
| 施肥 | 日期 | 内容 | | | | | |
| | | | | | | | |
| | | | | | | | |
| | | | | | | | |
| | | | | | | | |
| | | | | | | | |
| 打药 | 日期 | 内容 | | | | | |
| | | | | | | | |
| | | | | | | | |
| | | | | | | | |
| | | | | | | | |
| | | | | | | | |
| 其他 | 日期 | 内容 | | | | | |
| | | | | | | | |
| | | | | | | | |
| | | | | | | | |
| | | | | | | | |

附例17

## 植物品种特异性、一致性和稳定性测试报告

<table>
<tr><td>测试编号</td><td colspan="3">XXXX</td><td colspan="2">品种名称</td><td colspan="3">XXXX</td></tr>
<tr><td>植物属或种</td><td colspan="3">XXXX</td><td colspan="2">品种类型</td><td colspan="3">XXXX</td></tr>
<tr><td>测试指南</td><td colspan="8">《植物品种特异性、一致性和稳定性测试指南　柱花草属》(NY/T 3434—2019)</td></tr>
<tr><td>委托单位</td><td colspan="8">XXXX</td></tr>
<tr><td>测试单位</td><td colspan="8">农业农村部植物新品种测试（XXXX）分中心</td></tr>
<tr><td>材料来源</td><td colspan="8">XXXX</td></tr>
<tr><td rowspan="3">测试情况</td><td>测试周期</td><td colspan="6">测试时间</td><td>测试地点</td></tr>
<tr><td>第1周期</td><td colspan="6">XXXX年XX月XX日—XXXX年XX月XX日</td><td>XXXX</td></tr>
<tr><td>第2周期</td><td colspan="6">XXXX年XX月XX日—XXXX年XX月XX日</td><td>XXXX</td></tr>
<tr><td rowspan="3">有差异性状</td><td rowspan="2">近似品种名称</td><td colspan="2">有差异性状</td><td colspan="2">测试品种</td><td colspan="2">近似品种</td><td rowspan="2">备注</td></tr>
<tr><td>序号</td><td>性状名称</td><td>代码</td><td>描述</td><td>代码</td><td>描述</td></tr>
<tr><td>XXXX</td><td></td><td></td><td></td><td></td><td></td><td></td><td></td></tr>
<tr><td>特异性（可区别性）</td><td colspan="8"></td></tr>
<tr><td>一致性</td><td colspan="8"></td></tr>
<tr><td>稳定性</td><td colspan="8"></td></tr>
<tr><td>结 论</td><td colspan="8">□特异性（可区别性）□一致性 □稳定性（√表示具备，×表示不具备，○表示未判定）</td></tr>
<tr><td>其他说明</td><td colspan="8"></td></tr>
<tr><td rowspan="2">测试<br>单位</td><td colspan="5">测试员：　　　　日期：<br>测试员建议：</td><td colspan="3" rowspan="2">（盖章）：<br><br>年　月　日</td></tr>
<tr><td colspan="5">审核人：　　　　日期：<br>审核人建议：</td></tr>
</table>

# 性状描述表

| 测试编号： | XXXX | 测试员： | XXXX |
| --- | --- | --- | --- |
| 测试单位： | 农业农村部植物新品种测试（XXXX）分中心 | | |
| 性状 | 代码及描述 | | 数据 |
| 1.幼苗：下胚轴花青甙显色强度 | | | |
| 2.植株：生长型 | | | |
| 3.1仅适用于半灌木品种　植株：生长习性 | | | |
| 3.2仅适用于草本品种　植株：生长习性 | | | |
| 4.茎：毛 | | | |
| 5.茎：柔毛 | | | |
| 6.茎：刚毛 | | | |
| 7.茎：腺毛 | | | |
| 8.茎：颜色 | | | |
| …… | | | |
| …… | | | |
| 29.种皮：颜色 | | | |
| 30.种皮：斑纹 | | | |

## 图像描述

| |
|---|
| |
| 图片描述：XXXX叶片 |

附例18

## 一致性测试不合格结果表

| 测试编号： | XXXX | | 测试员： | XXXX | 测试时间 | | |
|---|---|---|---|---|---|---|---|
| 测试单位： | 农业农村部植物新品种测试（XXXX）分中心 | | | | | | |
| 性状 | 典型植株 | | 异型株 | | 调查植株数量（株） | 异型株数量（株） | 备注 |
| | 代码及描述 | 数据 | 代码及描述 | 数据 | | | |
| | | | | | | | 照片 |
| | | | | | | | |
| | | | | | | | |
| | | | | | | | |

附例19

# 性状描述对比表

| 测试编号： | XXXX | 测试员： | XXXX |
|---|---|---|---|
| 近似品种编号 | XXXX-B | 近似品种名称 | XXXX |
| 测试单位： | 农业农村部植物新品种测试（XXXX）分中心 | | |

| 性状 | XXXX-A | | | XXXX-B | | | 差异 |
|---|---|---|---|---|---|---|---|
| | 代码及描述 | | 数据 | 代码及描述 | | 数据 | |
| 1.幼苗：下胚轴花青甙显色强度 | | | | | | | |
| 2.植株：生长型 | | | | | | | |
| 3.1仅适用于半灌木品种：<br>植株：生长习性 | | | | | | | |
| 3.2仅适用于草本品种：<br>植株：生长习性 | | | | | | | |
| ...... | | | | | | | |
| ...... | | | | | | | |
| 29.种皮：颜色 | | | | | | | |
| 30.种皮：斑纹 | | | | | | | |

附例20-1

# 农业农村部植物新品种测试（儋州）分中心

## 关于撤销“XXXX”等X个样品测试申请的函

XXXX公司：

贵司于XXXX年XX月委托农业农村部植物新品种测试（儋州）分中心（以下简称“分中心”）进行植物品种特异性、一致性和稳定性测试。分中心于XXXX年XX月XX日进行育苗，发现种子发芽率较低，并于XXXX年XX月XX日进行了补育，同时进行了发芽试验，结果表明：XXXX等X个样品发芽率不符合《植物新品种特异性、一致性和稳定性测试　柱花草》的相关要求。

经双方商榷，决定在XXXX年XX月DUS委托测试中撤销XXXX等X个样品的委托测试。特此函告！

农业农村部植物新品种测试（儋州）分中心

XXXX年XX月XX日

附例20-2

## 农业农村部植物新品种测试（儋州）分中心

### 关于终止“XXXX”等X个样品测试的函

XXXX公司：

贵司于XXXX年XX月委托农业农村部植物新品种测试（儋州）分中心（以下简称“分中心”）进行植物品种特异性、一致性和稳定性测试。分中心于XXXX年XX月XX日快递签收种苗一批，发现种苗损毁严重，无法正常进行测试，于XXXX年XX月XX日与贵司XXX联系确认无多余苗可补送。

经双方商榷，决定在XXXX年XX月DUS委托测试中终止XXXX等X个样品的测试。特此函告！

农业农村部植物新品种测试（儋州）分中心

XXXX年XX月XX日

# 拟石莲属

# 植物品种特异性、一致性和稳定性测试操作规程

◎徐 丽 杨 澜 郭 涛 主编

中国农业科学技术出版社

**图书在版编目（CIP）数据**

拟石莲属植物品种特异性、一致性和稳定性测试操作规程 / 徐丽，杨澜，郭涛主编. --北京：中国农业科学技术出版社，2023. 10

ISBN 978-7-5116-6473-0

Ⅰ. ①拟… Ⅱ. ①徐… ②杨… ③郭… Ⅲ. ①景天科－品种特性－测试－技术操作规程 Ⅳ. ①Q949.72-65

中国国家版本馆CIP数据核字（2023）第 208323 号

**责任编辑** 倪小勋
**责任校对** 马广洋
**责任印制** 姜义伟 王思文

**出 版 者** 中国农业科学技术出版社
北京市中关村南大街 12 号 邮编：100081
**电　　话** （010）82109707（编辑室） （010）82109702（发行部）
（010）82109709（读者服务部）
**网　　址** https: // castp.caas.cn
**经 销 者** 各地新华书店
**印 刷 者** 北京建宏印刷有限公司
**开　　本** 185 mm × 260 mm 1/16
**印　　张** 8.75
**字　　数** 220 千字
**版　　次** 2023 年 10 月第 1 版 2023 年 10 月第 1 次印刷
**定　　价** 68.00 元

《拟石莲属植物品种特异性、一致性和稳定性测试操作规程》

# 编写人员


主　　编　徐　丽　杨　澜　郭　涛

副 主 编　高　玲　王　磊　张凯淅　李靓靓
　　　　　刘迪发

编写人员　徐　丽　杨　澜　郭　涛　高　玲
　　　　　张凯淅　李靓靓　刘迪发　冯红玉
　　　　　陈　娟　张萱蓉　刘光明　符小琴
　　　　　赵亚南　符贵春　孙　悦　刘兴华
　　　　　冯振国　王　洁

摄　　影　徐　丽　杨　澜

# 关于本规程的说明

本规程是《植物品种特异性、一致性和稳定性测试指南　拟石莲属》（NY/T 4216—2023）的补充说明，适用于拟石莲属植物品种的DUS测试。

本规程参考以下文件制定：

1.《植物新品种特异性、一致性和稳定性审查及性状统一描述　总则》，TG/1/3

2.《植物新品种特异性、一致性和稳定性测试　总则》，GB/T 19557.1—2004

3.《植物品种特异性、一致性和稳定性测试指南　拟石莲属》，NY/T 4216—2023

4.《DUS测试中统计学方法的应用》，TGP/8

本规程主要起草单位：中国热带农业科学院热带作物品种资源研究所/农业农村部植物新品种测试（儋州）分中心、贵州省园艺研究所、农业农村部科技发展中心/农业农村部植物新品种测试中心、海南省南繁管理局/农业农村部植物新品种保护审查协作中心。

本规程的制定与发布由政府购买服务项目“DUS测试技术研究与已知品种更新”“热带植物品种DUS测试及测试技术研究与无性繁殖圃的建设维护”“植物品种测试技术研究”“热区植物品种检验测试技术研发与西甜瓜测试模式构建”资助完成。本规程由拟石莲属植物品种DUS测试概述、近似品种筛选、种植试验安排与田间管理、性状观测与图像采集、拟石莲属植物品种DUS测试中附加性状的选择与应用、DUS测试结果管理、已知品种库的构建应用与更新七部分内容组成。因编写水平有限，不足之处敬请指正。

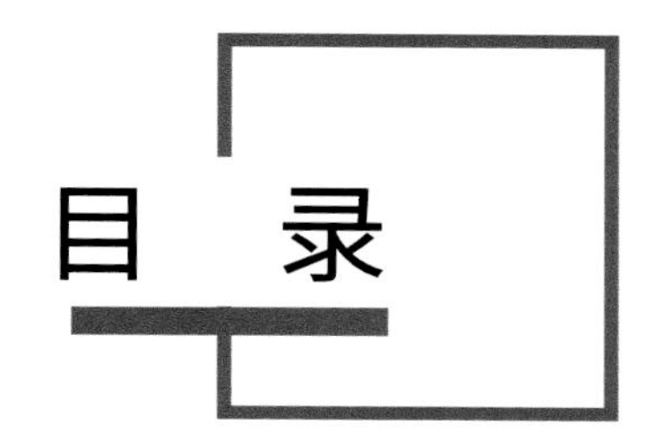

# 目录

## 第一部分　拟石莲属植物品种DUS测试概述



## 第二部分　拟石莲属植物品种DUS测试近似品种筛选



## 第三部分　拟石莲属植物品种DUS测试种植试验安排与田间管理



## 第四部分　拟石莲属植物品种DUS测试性状观测与图像采集

## 第五部分　拟石莲属植物品种DUS测试中附加性状的选择与应用



## 第六部分　拟石莲属植物品种DUS测试结果的管理



## 第七部分　拟石莲属已知品种库的构建应用与更新

第一部分

# 拟石莲属植物品种DUS测试概述

# 一、引言

拟石莲属（*Echeveria* DC）为景天科（Crassulaceae）植物。多数品种植株呈矮小的莲座状，酷似一朵盛开的莲花，因此而得名，也被誉为“永不凋谢的花朵”。拟石莲属植物品种繁多，株型独特，颜色丰富，养护简单，适合家庭栽培，是近年来较流行的小型多肉植物之一。在热带、亚热带地区可作为花坛点缀露地栽培，北方则作为盆栽，布置于客厅、书房。

截至2021年，美国密苏里植物园Tropicos植物资料库（https://www.tropicos.org/）记录的拟石莲属品种有467份，多样性程度极高。品种间颜色丰富，有绿色、紫黑色、红色、褐色、白色等，有的叶片上还有花纹，温度和光照不同，叶色也会随之变化；叶形各异，有匙形、圆形、圆筒形、船形、披针形、倒披针形等；且肉质化程度不一，有的较硬，有的较软；花序类型也颇为丰富，有总状花序、穗状花序、聚伞花序。可见，国际上拟石莲属品种育种活跃度高，品种更新迭代较快。

在我国，拟石莲属植物虽为舶来品，但颇受消费者的青睐，进口拟石莲属植物越来越多，且市场前景日益广阔。近年来，我国拟石莲属规模化生产企业、科研工作者以及部分多肉爱好者相继开展拟石莲属的杂交育种，培育具有自主知识产权的新品种。《植物品种特异性、一致性和稳定性测试指南　拟石莲属》对拟石莲属以及拟石莲属与厚叶草属（*Pachyphytum* Link. Klotzsch & Otto）、景天属（*Sedum* L.）杂交品种的测试给予一定的指导，为其新品种权益保护与品种转化提供了技术支撑。

随着拟石莲属资源丰富度的增加和生物育种技术的应用，拟石莲属新品种培育效率以及品种的转化应用速度将持续提升，这对品种测试提出了更高的要求。为提升拟石莲属品种测试技术的实操性，更好地为种质资源评价、品种选育、品种测试服务，特对拟石莲属品种测试技术进行了更详细的研究。

特异性、一致性和稳定性（简称DUS）是植物品种的基本属性。植物品种特异性、一致性和稳定性测试（简称DUS测试）是指依据相应植物种属的测试技术标准，通过田间种植试验或室内分析对待测品种的特异性、一致性和稳定性进行评价的过程。DUS测试是品种管理的基础、品种鉴定的重要手段、品种维权执法的技术保障。

同时，DUS测试是一门综合性很强的应用技术，涉及植物育种学、植物栽培学、植物学、植物分类学、遗传学、植物病理学、植物生理学、分子生物学、生物化学、农业气象学、农业昆虫学、生物统计与实验设计、生物技术等多个学科的知识与方法。作为国际公认的植物品种测试技术体系，植物品种DUS测试具有理论严谨、技术科学、结论可靠等多方面的优点。DUS测试可以确定某一植物类群是不是一个品种，并对其进行性状（图像）描述，是品种性状描述和定义的基本方法。本部分将从基本概念、基本程序与样品管理方面对拟石莲属DUS测试技术进行介绍。

# 二、基本概念与程序

## （一）基本概念

1. 性状（Characteristic）

在国际植物新品种保护联盟（UPOV）相关技术文件中，性状是指可遗传表达的、能明确识别、区分和描述的植物的特征或特性。任何植物都有许多性状，有的是形态学上的特征或特性，有的是生理生化学上的特征或特性。

2. 品种（Variety）

根据《国际植物新品种保护联盟（UPOV）公约》1991年文本第一条第六款：品种是已知最低一级的植物分类单位内的单一植物类群（无论是否申请品种权），该植物类群能够通过由某一特定基因型或基因型组合决定的性状表达进行定义；能够通过至少一个上述性状的表达，与任何其他植物类群相区别；具备繁殖后整体特征特性保持不变的特点。

我国新修订的《中华人民共和国种子法》中明确规定：品种是指经过人工选育或者发现并经过改良，形态特征和生物学特性一致，遗传性状相对稳定的植物群体。

3. 一致性（Uniformity）

指一个植物品种的特性除可预期的自然变异外，群体内个体间相关的特征或者特性表现一致。针对该植物群体本身而言，判定其个体间表现的均一性。

4. 稳定性（Stability）

指一个植物品种经过反复繁殖后或者在特定繁殖周期结束时，其主要性状保持不变。针对该群体自身遗传特性的表现而言。

5. 特异性（Distinctness）

指一个植物品种有一个以上性状明显区别于已知品种。针对品种之间的比较。

6. 异型株（Off-type）

同一品种群体内处于正常生长状态的、但其整体或部分性状与绝大多数典型植株存在明显差异的植株。测试材料中与待测品种完全不同或不相关的植株，既不能将其视为异型株，也不能将其视为该品种，如果这些植株的存在不影响测试所需植株数量或测试进程，则可忽略。反之，则不可忽略。

7. 不相关植株（Unrelated plant）

测试材料中与待测品种完全不同或不相关的植株，既不能将其视为异型株，也不能将其视为该品种，如果这些植株的存在不影响测试所需植株数量或测试进程，则可忽略。反之，则不可忽略。

## （二）基本程序

DUS测试是一项严谨的工作，拟石莲属植物一般开展至少一个生长周期的田间种植试验，必要时开展第二个甚至第三个生长周期的测试。从接收任务开始，到出具测试报告，主要包括6个环节，基本程序见图1-1。

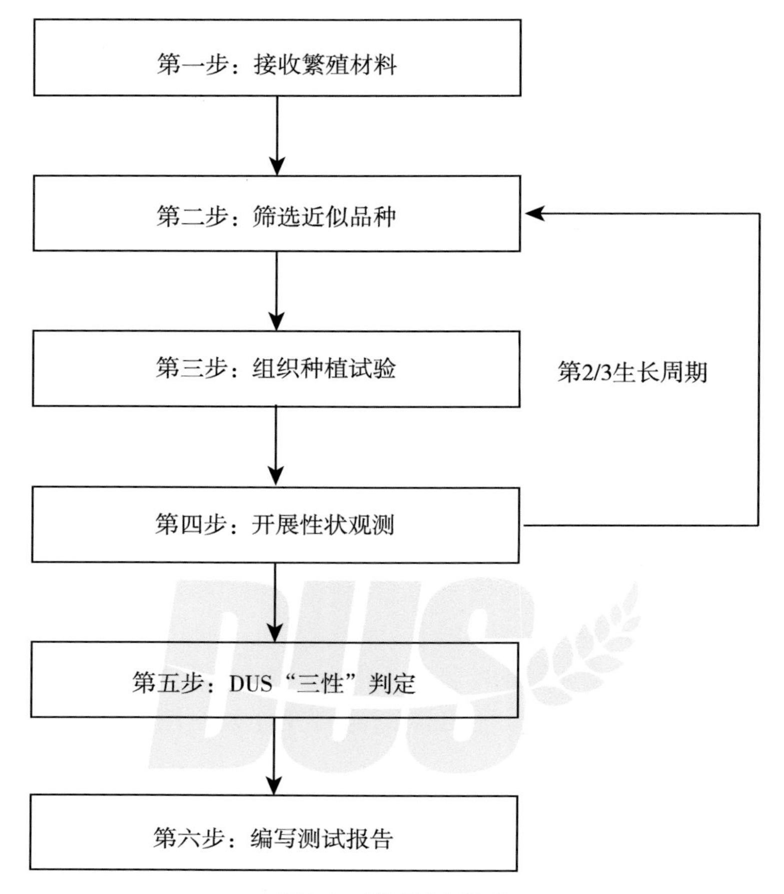


**图1-1　测试基本程序**

目前，我国品种管理体系中，DUS测试主要包括两种方式，具体流程如下。

1. 委托测试

委托测试是指申请人委托农业农村部授权的DUS测试机构开展DUS测试。拟石莲属的委托测试，需要按规定进行线上备案和线下签订委托协议。线上备案制可实现全国委托测试的统一管理，保证委托测试的规范性，并有效指导委托单位选择合适的测试机构。线下签订委托协议，是在测试中心的指导框架下进行的，委托人与测试机构对委托具体事项的约定，明确双方责权，确保测试质量，委托测试的具体流程见图1-2。

2. 自主测试

具备条件的申请者可以自主开展DUS测试。自主测试指本单位（或本人）对本单位（或本人）育成或所有的品种开展测试。

目前，自主测试无资质要求，自己对结果负责，其报告的可靠性是备受关注的事项。自主测试报告的科学性主要取决于测试设施、测试人员与技术、质量管理体系等多方面因素。因此，自主测试前需要重点考虑以下要素。

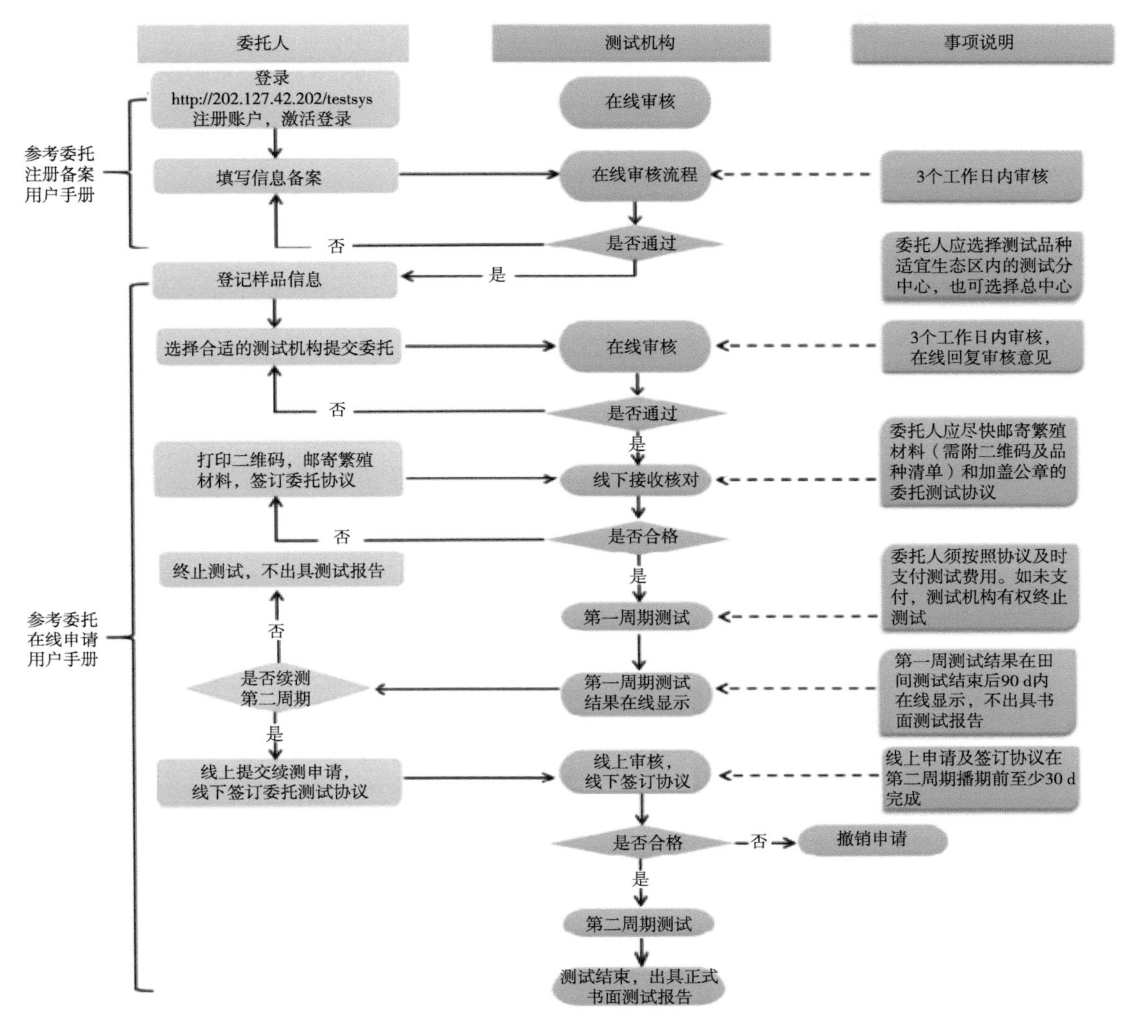


**图1-2　委托测试流程**

（1）是否有专业的测试人员，该测试人员能从试验设计到编制报告，全程进行性状的观测和记录。

（2）该测试人员是否熟悉DUS测试指南，掌握DUS测试原理以及UPOV系列技术文件中的原理、原则，应用到测试过程中指导实际判定。

（3）该测试人员是否有足够的田间经验，尤其是能否准确把握品种描述的尺度。

（4）自身（或依靠其他力量）能否选择出合适的近似品种，并保证近似品种来源渠道可靠。

（5）是否能够获取测试指南中所列的标准品种，并确保来源可靠。

鉴于以上因素，在开展自主测试前，必须加强测试相关知识的学习与积累。开展自主测试的基本流程见图1-3。

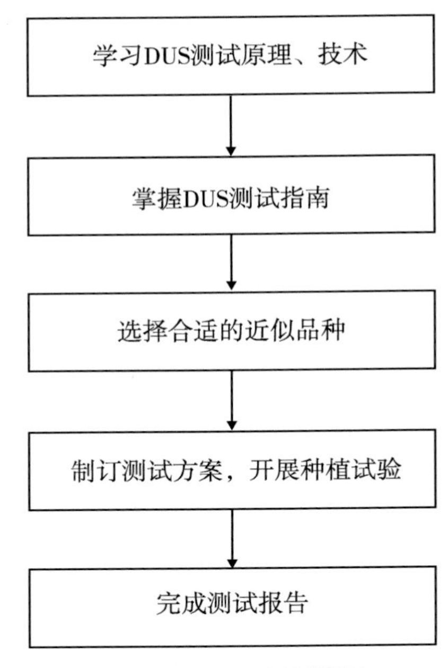


**图1-3　自主测试基本流程**

## 三、测试样品管理

1. 样品的来源

目前，测试样品的来源主要分为以下两类。

（1）农业农村部植物新品种保护办公室委托下达的植物新品种保护的DUS测试样品。

（2）其他单位或个人委托的DUS测试样品。

2. 样品的类型

根据测试中样品的不同用途，将测试样品分为以下类型。

（1）待测品种（Testing varieties），即用于申请品种保护（农业农村部植物新品种保护办公室）/审定（国家林业和草原局国审）的品种，由委托方提供。

（2）近似品种（Similar varieties），又称为比较品种（Comparing varieties），指在特异性测试过程中相关特征或者特性与待测品种最为相似的品种，可以是委托方提供的品种，也可以是测试机构根据测试的实际需求筛选的品种。只有那些不通过田间种植试验将无法确定是否与待测品种有明显差异的近似品种，才与待测品种种植在一起进行相邻比较。

（3）标准品种（Example varieties），是指测试指南中列入的用于示例或校正性状表达状态的标准品种的样品。以示例的形式对性状的表达状态进行说明；对矫正年份和地点等引起的性状描述方面的差异、统一品种描述具有重要作用。

（4）已知品种（Varieties of common knowledge），指现有的公知公用的品种，它满足品种定义并具有公知性。符合下述情形之一的品种均可认为是已知品种。

①品种繁殖材料或收获材料商品化、品种描述已公开；

②申请保护或官方登记注册的品种，如果获得授权或登记，从申请日起，视为已知品种；

③在公众开放的植物园、苗圃或公园种植活体材料的品种；

④我国新修订的《中华人民共和国种子法》规定，已受理申请或者已通过品种审定、品种登记、新品种保护，或者已经销售、推广的植物品种。

**3. 样品的数量和质量**

拟石莲属一般通过扦插方式繁殖，因此样品以种苗形式提供。样品数量和质量具体要求如下（表1-1，图1-4）。

**表1-1　拟石莲属繁殖材料提交要求**

| 样品类型 | 2年生种苗 |
| --- | --- |
| 样品数量 | ≥30株 |
| 样品质量 | 外观健康，无病虫侵害，叶片不少于5轮或10片叶片以上，品种特征能正常表达 |

**图1-4　拟石莲属种苗样品**

**4. 样品的接收（以测试机构为例）**

（1）农业农村部植物新品种保护办公室下达的DUS测试任务。对于农业农村部植物新品种保护办公室下达的植物新品种保护的DUS测试任务和鉴定任务，由农业农村部植物新品种测试中心（简称测试中心）在每年年初规定的时间内通过植物新品种保护办公系统将任务内容分配至测试机构（农业农村部植物新品种测试分中心）的任务列表。

分中心负责人根据办公系统中的任务及时确认任务并做好相关准备工作。业务室负责及时沟通繁材的寄送情况和样品签收，第一时间对测试材料进行检查和核对，检查内容包括材料是否完整无破损、材料袋上的品种编号（名称）是否与下达的测试品种任务相符合、材料数量和质量是否满足测试需要、有无缺少或多出的材料等，现场核对人员至少为2人。若出现问题，应尽快与繁材寄送单位和测试中心相关审查员联系沟通，确定解决方案。若无问题，样品签收人员在繁材接收清单（附件例1）上签名，交给测试室主任确认签字后将清单寄回测试处，并留备份归入分中心相应的档案。

（2）其他单位和个人委托的DUS测试任务。根据协议，种苗样品可采取面送或邮寄的方式提交，由业务室专人负责样品的接收，仔细核查样品包装、数量、名称等基本信息是否与协议书（附件例2）、样品委托单（附件例3）一致。若无异议，仔细填写样品接收登记单，表头为"××分中心××年度××（作物）DUS测试样品接收登记表"，表格内容包括：序号、待测品种名称、近似品种名称、品种类型、测试周期、材料数量、材料来源等（附件例4）。如果不一致，应当面或电话进行沟通处理，并填写处理意见。不符合样品将按照样品委托单中选择的处理方式（销毁或寄回）或处理意见进行处理，并记录处理结果。

**5. 样品的流转（以测试机构为例）**

（1）农业农村部植物新品种保护办公室下达的DUS测试任务和鉴定任务。技术负责人或测试室主任确认签字后，业务室将样品交给测试室，测试室专人负责测试样品领取，并填写测试样品流转单（附件例5）。布置完种植试验，填写测试样品试验栏后将样品流转记录表交回业务室，复核存档。

（2）其他单位和个人委托的DUS测试任务。技术负责人或测试室主任确认签字后，业务室予以及时登记，并将核实后的样品交给测试室，测试室专人负责测试样品领取，并填写测试样品流转单。测试室及时安排试验，完成小区种植后，填写测试样品试验栏后将样品流转记录表交回业务室。

**6. 样品的安全存放（以测试机构为例）**

（1）当季测试样品的临时保存。测试室专人领取当季测试样品后，在种植前须安全保存样品。测试样品临时保存时，按不同测试周期进行分组，再按品种类型分类存放，存放时按品种编号由小到大的顺序将种苗存放于专用大棚内，避免无关人员接触。

（2）标准样品/剩余样品的中长期保存。业务室分样后，将标准样品/剩余样品按照编号进行分类保存。对于种苗类型的样品，采取活体入圃保存（无性繁殖材料保存圃，如图1-5，图1-6），并做好入圃记录（附件例6），便于样品的规范管理。

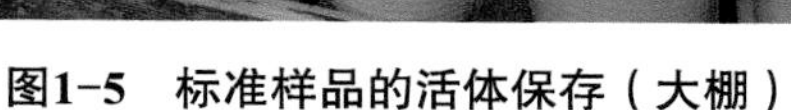

图1-5　标准样品的活体保存（大棚）

图1-6　标准样品的活体保存（露地）

7. 样品的监测与处理（以测试机构为例）

专人负责入库/入圃样品的动态监测，定期盘点样品存量，整理更新样品信息。对于过期或失活样品，填报样品处理申报单（附件例7），按照样品销毁程序予以处理。对于活体保存样品，定期维护更新，出现存量低于警戒量的情况时，及时安排更新补充（活体圃扦插扩繁，图1-7），并填写无性繁材更新登记表（附件例8）。

图1-7　活体样品的扦插更新

第二部分

# 拟石莲属植物品种DUS测试近似品种筛选

近似品种的筛选原则上是在测试前筛选，必要时可以在完成规定测试周期后进行。一个待测品种可能会筛选出一个或多个近似品种。

## 一、测试前的筛选

1. 根据资料辅助筛选

同种间相互作为近似进行比较，如小型种与中型种及大型种不能作为近似；根据待测样品的育种过程、亲本、品种系谱、文献资料等资料信息筛选，尤其是该植物品种的已知品种数据库尚未完全建立的情况下，可据此类信息辅助筛选。

2. 根据技术问卷性状筛选

从数据库中查找与技术问卷中提供的分组性状表达状态相同的已知品种。通过使用分组性状，选择与待测品种一起种植的近似品种，并把这些近似品种进行分组以方便特异性测试。拟石莲属的分组性状如下。①植株：宽度；②植株：分枝数；③叶：形状；④叶：叶艺；⑤叶：斑纹类型。查找时，质量性状的表达状态应一致，假质量性状的表达状态视性状而定，代码间表达状态差异比较明显，则不同代码表示性状差异较大，不宜作为近似品种；代码间差异不明显，则可安排种植试验，作为近似品种。数量性状的表达状态可上下浮动1个代码。操作时视具体性状而定。

## 二、测试中的筛选

如果技术问卷性状与观测到的性状数据一致，即测试前的分组正确时，采用代码比较法，在同一组内进行比较，将质量性状不同，假质量性状有明显差异，数量性状表达状态差异大于2个代码的品种排除，筛选出该待测品种的最近似品种。

同时，利用第一个生长周期测试得到的品种描述与其他组别测试品种（同期测试品种）进行代码比对，排除质量性状表达状态不同，假质量性状有明显差异，数量性状表达状态差异大于等于2个代码的品种，筛选得到的近似品种与前面确定的最近似品种作为同一组测试材料进行比对，筛选出该待测品种的最近似品种。

如果技术问卷性状与观测到的性状数据不一致，即第一个测试周期的分组不正确时，则根据第一个测试周期所得的待测品种的性状描述与数据库中已知品种测试性状数据和当年其他组别的测试样品的性状数据进行比对，重新筛选该待测品种的最近似品种，必要时进行第二个周期的测试。

## 三、测试后的筛选

在编制和审核测试报告时进行筛选，对待测品种的特异性作出判定。当完成规定的测试周期后，出现近似品种的表达状态与数据库中的描述不符等异常情况时，需要再次进行近似品种的筛选，并延长测试周期。

以上所有近似品种的筛选记录均须提交档案室归档。

## 四、筛选案例

待测品种2023-01A在已知品种库及测试库中对所有性状设置条件：假质量性状（PQ）不相等，数量性状（QN）≤2，质量性状（QL）相等，筛选出13个品种，其品种编号及代码见表2-1。

**表2-1　2023-01A近似品种筛选清单**

| 序号 | 性状 | 2023-01A | 2023-11 | 2023-12 | 2023-13 | 2023-14 | 2023-15 | 2023-16 | 2023-17 | 2023-18 | 2023-19 | 2023-20 | 2023-21 | 2023-22 |
|---|---|---|---|---|---|---|---|---|---|---|---|---|---|---|
| 1 | 植株：高度 | 3 | 3 | 5 | 5 | 3 | 3 | 3 | 3 | 3 | 3 | 3 | 3 | 3 |
| 2 | 植株：宽度 | 3 | 3 | 4 | 4 | 3 | 3 | 3 | 3 | 3 | 3 | 3 | 3 | 3 |
| 3 | 植株：分枝数 | 1 | 1 | 1 | 2 | 1 | 2 | 1 | 1 | 1 | 1 | 1 | 2 | 2 |
| 4 | 叶：数量 | 3 | 3 | 3 | 3 | 3 | 4 | 3 | 3 | 3 | 3 | 3 | 2 | 4 |
| 5 | 叶：长度 | 5 | 5 | 5 | 5 | 5 | 5 | 5 | 6 | 5 | 5 | 5 | 5 | 5 |
| 6 | 叶：宽度 | 5 | 5 | 5 | 5 | 5 | 5 | 5 | 5 | 5 | 5 | 5 | 5 | 5 |
| 7 | 叶：基部宽度 | 3 | 3 | 3 | 3 | 3 | 4 | 3 | 2 | 3 | 3 | 3 | 3 | 3 |
| 8 | 叶：厚度 | 3 | 3 | 3 | 3 | 3 | 1 | 2 | 3 | 3 | 3 | 3 | 3 | 3 |
| 9 | 叶：形状 | 3 | 4 | 4 | 3 | 4 | 3 | 3 | 3 | 3 | 3 | 3 | 2 | 3 |
| 10 | 叶：先端形状 | 2 | 2 | 2 | 2 | 2 | 2 | 2 | 2 | 2 | 2 | 2 | 2 | 2 |
| 11 | 叶：突尖长度 | 3 | 3 | 3 | 3 | 3 | 3 | 3 | 2 | 3 | 3 | 3 | 3 | 4 |

（续表）

| 序号 | 性状 | 2023-01A | 2023-11 | 2023-12 | 2023-13 | 2023-14 | 2023-15 | 2023-16 | 2023-17 | 2023-18 | 2023-19 | 2023-20 | 2023-21 | 2023-22 |
|---|---|---|---|---|---|---|---|---|---|---|---|---|---|---|
| 12 | 叶：横截面形状 | 1 | 1 | 1 | 1 | 1 | 1 | 1 | 1 | 1 | 1 | 1 | 1 | 1 |
| 13 | 叶：反卷 | 1 | 1 | 1 | 1 | 1 | 1 | 1 | 1 | 1 | 1 | 1 | 1 | 1 |
| 14 | 叶：叶艺 | 1 | 1 | 1 | 1 | 1 | 1 | 1 | 1 | 1 | 1 | 1 | 1 | 1 |
| 15 | 仅适用于有叶艺品种叶：叶艺颜色 | — | — | — | — | — | — | — | — | — | — | — | — | — |
| 16 | 仅适用于有叶艺品种叶：叶艺位置 | — | — | — | — | — | — | — | — | — | — | — | — | — |
| 17 | 叶：斑纹类型 | 1 | 1 | 1 | 1 | 1 | 1 | 1 | 1 | 1 | 1 | 1 | 1 | 1 |
| 18 | 叶：蜡粉 | 3 | 3 | 3 | 3 | 1 | 3 | 4 | 3 | 4 | 4 | 3 | 3 | 3 |
| 19 | 仅适用于有毛品种叶：毛密度 | — | — | — | — | — | — | — | — | — | — | — | — | — |
| 20 | 仅适用于有毛品种叶：毛长度 | — | — | — | — | — | — | — | — | — | — | — | — | — |
| 21 | 叶：上表面底色 | 141C | 140A | 140B | 141C | 140A | 142C | 142A | 141C | 141C | 141C | 141C | 140C | 142B |
| 22 | 叶：覆色颜色 | 43B | 41C | 41C | 43B | 41C | 44B | 43B | 70C | 43B | 43B | 43B | 43B | 43C |

（续表）

| 序号 | 性状 | 2023-01A | 2023-11 | 2023-12 | 2023-13 | 2023-14 | 2023-15 | 2023-16 | 2023-17 | 2023-18 | 2023-19 | 2023-20 | 2023-21 | 2023-22 |
|---|---|---|---|---|---|---|---|---|---|---|---|---|---|---|
| 23 | 叶：上表面覆色分布 | 5 | 5 | 5 | 4 | 5 | 5 | 5 | 5 | 4 | 5 | 4 | 5 | 5 |
| 24 | 叶：边缘波状程度 | 1 | 1 | 1 | 1 | 1 | 1 | 1 | 1 | 2 | 1 | 1 | 1 | 1 |
| 25 | 叶：表面疣凸 | 1 | 1 | 1 | 1 | 1 | 1 | 1 | 1 | 1 | 1 | 1 | 1 | 1 |
| 26 | 仅适用于叶表面具有疣凸的品种叶：疣凸大小 | — | — | — | — | — | — | — | — | — | — | — | — | — |

根据GB/T 19557.1《植物新品种特异性、一致性和稳定性测试指南 总则》规定的原则，结合该品种库性状描述信息，通过代码比较法，从整体到局部的顺序，逐个排除，筛选出最为近似品种，筛选流程如下。

（1）根据“性状1　植株：高度（QN）”，品种2023-12、2023-13与待测品种2023-01A有2个代码的明显差异，因此排除品种2023-12、2023-13。

（2）根据“性状3　植株：分枝数（QN）”，该性状虽为数量性状，但在田间观测时，待测品种为不分枝品种，因此1个代码的差异也较为明显，因此1个代码的差异也可视为明显差异，因此排除品种2023-15、2023-21、2023-22。

（3）根据“性状9　叶：形状（PQ）”，该性状虽为假质量性状，在田间观测时，1个代码的差异也较为明显，因此该性状1个代码的差异也可视为明显差异，因此排除品种2023-11。

（4）根据“性状18　叶：蜡粉（QN）”，品种2023-14与待测品种有2个代码的差异，因此排除该品种。

（5）根据“性状21　叶：上表面底色（PQ）”，品种2023-16上表面底色HRS比色卡值为142A，与待测品种的HRS比色卡值：141C差异较大，因此排除该品种。

（6）根据“性状22　叶：覆色颜色（PQ）”，品种2020-17覆色颜色HRS比色卡值为70C，与待测品种差异较明显，因此排除该品种。

（7）经过上述步骤，仅剩品种2023-18、2023-19、2023-20。根据“性状24　叶：

边缘波状程度（PQ）”，品种2023-18代码为2，待测品种代码为1，虽然只相差1个代码的差异，但待测品种为叶缘无波浪品种，代码间差异较为明显，因此排除品种2023-18。

（8）综上可知，待测品种2021-01A的近似品种为：2023-19、2023-20。3个品种的性状对比结果见表2-2。

**表2-2　2023-01A与近似品种差异对比**

| 序号 | 性状 | 2023-01A | 2023-19 | 2023-20 |
|---|---|---|---|---|
| 1 | 植株：高度 | 3 | 3 | 3 |
| 2 | 植株：宽度 | 3 | 3 | 3 |
| 3 | 植株：分枝数 | 1 | 1 | 1 |
| 4 | 叶：数量 | 3 | 3 | 3 |
| 5 | 叶：长度 | 5 | 5 | 5 |
| 6 | 叶：宽度 | 5 | 5 | 5 |
| 7 | 叶：基部宽度 | 3 | 3 | 3 |
| 8 | 叶：厚度 | 3 | 3 | 3 |
| 9 | 叶：形状 | 3 | 3 | 3 |
| 10 | 叶：先端形状 | 2 | 2 | 2 |
| 11 | 叶：突尖长度 | 3 | 3 | 3 |
| 12 | 叶：横截面形状 | 1 | 1 | 1 |
| 13 | 叶：反卷 | 1 | 1 | 1 |
| 14 | 叶：叶艺 | 1 | 1 | 1 |
| 15 | 仅适用于有叶艺品种　叶：叶艺颜色 | — | — | — |
| 16 | 仅适用于有叶艺品种　叶：叶艺位置 | — | — | — |
| 17 | 叶：斑纹类型 | 1 | 1 | 1 |
| 18 | 叶：蜡粉 | 3 | 4 | 3 |
| 19 | 仅适用于有毛品种　叶：毛密度 | — | — | — |
| 20 | 仅适用于有毛品种　叶：毛长度 | — | — | — |
| 21 | 叶：上表面底色 | 141C | 141C | 141C |
| 22 | 叶：覆色颜色 | 43B | 43B | 43B |
| 23 | 叶：上表面覆色分布 | 5 | 5 | 4 |
| 24 | 叶：边缘波状程度 | 1 | 1 | 1 |

（续表）

| 序号 | 性状 | 2023-01A | 2023-19 | 2023-20 |
|---|---|---|---|---|
| 25 | 叶：表面疣凸 | 1 | 1 | 1 |
| 26 | 仅适用于叶表面具有疣凸的品种　叶：疣凸大小 | — | — | — |

# 第三部分

# 拟石莲属植物品种DUS测试种植试验安排与田间管理

# 一、试验方案制定

测试员根据测试任务、拟石莲属DUS测试指南的要求以及拟石莲属植物的生长习性，制定田间种植试验管理方案，内容包括田间试验设计、待测品种田间种植清单、田间种植平面图、田间栽培管理措施、观测方法及相关表格制作等。

1. 田间试验设计

主要包括试验地的选择、地块面积、种植方式、区组划分、小区面积、株距、行距、每小区种植株数、重复的设计以及标准品种的种植设计等。试验地的选择应该充分考虑环境条件和试验地的土质能否满足待测品种植株的正常生长以及性状的正常表达。为了方便田间管理和测试观测，不同测试周期的待测品种应分组布置。如果待测品种量较大，第一测试周期的待测品种和第二测试周期的待测品种可考虑分2个批次分别进行种植。

种植方式：大棚盆栽种植（图3-1）或露地种植（图3-2）。

露地种植：株行距为待测品种的2～2.5倍距离。

小区种植株数：不少于30株。

待测品种和近似品种尽量相邻种植，当近似品种较多时，建议将待测品种和近似品种安排至同一小区种植，标准品种与测试品种要种于同一地块里。

图3-1　大棚盆栽种植

图3-2　露地种植

2. 编写田间种植清单

表题为“××年度拟石莲属DUS测试品种田间排列种植单”。内容包括：序号、区号、品种名称、小区行数、测试周期、第几次重复、品种类型等（附件例9）。

3. 绘制田间种植平面图

编写好田间种植清单后，根据试验地的具体情况以及田间试验设计，绘制田间种植平面图，可手绘也可电脑绘图。平面图中需详细标注清楚试验地的长、宽、区组划分、小区行数、小区排列、区间隔离作物以及四周保护行面积等（附件例10）。

## 二、田间管理

### （一）大棚盆栽种植管理

1. 基质的选择

多肉植物种植的配方基质应具一定的保水性、疏松透气、排水良好、具有一定团粒结构，含有一定量的腐殖质，能提供植物生长期所需养分等重要特征。

幼苗盆栽基质配比：幼苗时期的多肉植物配方采用有机植料合理搭配无机植料，满足拟石莲属多肉植物幼苗生长的基本要求。主要有机植料可采用低磷型100%白泥炭，无机植料可选择珍珠岩、蛭石、椰糠、粗砂，再配合少许有机肥或颗粒复合肥，配制时边搅拌边喷水，使基质湿度达到60%左右，即用手攥一下能成坨，松开之后即散，推荐配方详见表3-1。

**表3-1 幼苗盆栽基质推荐配方**

| 基质材料 | 用量 |
| --- | --- |
| 细泥炭（1～7 mm） | 5份 |
| 珍珠岩 | 2份 |
| 蛭石 | 1份 |
| 有机肥 | 少许 |

成苗盆栽基质配比：当多肉植物的植株宽度长到5～7 cm后或种植1年以上，需要更换种植基质，大量的换盆适宜在一年的春秋两季进行，推荐基质配方详见表3-2。

**表3-2 成苗盆栽基质推荐配方**

| 基质材料 | 用量 |
| --- | --- |
| 粗泥炭（7～10 mm） | 2份 |
| 珍珠岩 | 1份 |

（续表）

| 基质材料 | 用量 |
| --- | --- |
| 椰糠 | 2份 |
| 火山石/细树皮 | 3份 |
| 缓释肥 | 1份 |

2. 定植

定植时注意避开高温的夏季和严寒的冬季，每年3—5月和9—10月移栽，不同地区应该根据当地的实际温度做适当的调整，繁殖适宜的温度在18～25℃为宜，多肉植株的成活率更高。

拟石莲属多肉植物在棚内种植，可选择塑料盆、素烧盆或陶瓷盆。尽量选择浅盆，盆的直径最大不超过植株宽度的1.5倍。没有底孔的盆或者深度超过15 cm的盆，多肉植物在上盆前应先在盆底铺上2～5 cm厚的陶粒或火山岩等，再装入配好的基质，这样能快速排出种植基质中多余的水分，避免通风不良时，大量水分长期存在于基质中，造成植株根茎腐烂，诱发病害。上盆时，将基质均匀装至距盆沿2 cm处，在盆中间插孔，将多肉植物根部适当修剪，减去冗余的老根并保持长度在5 cm左右，种植于中间孔后再用基质将根埋上，稍加按压，防止倒伏。上盆后可选择在花盆表面覆盖一层透气透水的颗粒基质，如细颗粒的麦饭石、火山岩等，将叶片与基质隔离开，易于浇水，也能防止虫的滋生。

3. 划区

在种植前2天，按照已绘制好的田间种植平面图和每个小区的大小，对试验大棚进行划区。小区划分好后，需在每个小区插上标签牌，标签牌上写明小区编号和品种编号，同时核对以保证试验大棚的田间布置和小区排列顺序与种植平面图一致。

4. 大棚管理

同一时期的各种植小区的田间管理应保持一致，同一管理措施应在同一天完成。管理应及时恰当，并且不能使用增色剂、植物生长调节剂等影响植株的正常生长。

（1）春季养护方法。春季是拟石莲属多肉植物的主要生长期，此时棚内温度逐渐上升，光线充足，通风良好，多肉植物恢复生长活力。

光照：春季要将大棚的内外遮阳网全部收起，增加棚内光照，也要尽量将棚外周围的遮挡物及时清理，保证棚内光照充足。遇到偶尔的晴天高温天气，气温在30℃以上，需打开遮阳网，避免突然的高温造成盆栽多肉叶片的灼伤。

温度：随着春季温度逐渐回暖，大棚内的温度也逐渐上升，15～25℃最有利于多肉植物的生长。但早晚温差大，有时还会出现倒春寒，要注意温差过大引起黑腐病和茎腐病的发生，春季做好防冻工作很重要。因此，早春10：00—16：00卷起保温膜，保持棚内良好的通风透气。夜晚要将保温膜放下，保持棚内的温度，有利于多肉植物的生长。

水分：多肉植物刚度过冬季，植株的根系活力正在逐步恢复，此时对水分的需求量不大，且温度也才刚回升，因此早春浇水需要观察植株的状态，浇水前应将老叶烂叶全部去掉，再进行浇水。浇水原则为见干见湿，不宜完全浇透。到了4—5月温度逐渐稳定后，可遵循干透浇透的原则进行浇水，浇水时间应选在晴天的10：00前或16：00后，雨天避免浇水，容易诱发黑腐病，浇水后保持良好的通风。

肥料：春季多肉植物生长较快，为促进多肉植物的生长发育，保证植株健康，提高抗性，可选择施用的肥料类型有复合肥、复混肥料或液体冲施肥等，注意施用浓度即可。可参考复混肥料总养分≥38%，总氮、有效磷和钾配比为16∶17∶5，颗粒状肥可拌于种植基质中使用，多用于多肉植物幼苗营养生长期。

（2）夏季养护方法。夏季温度高，雨水量充足，大棚内长期高温潮湿，是多肉植物病虫害最容易发生的季节。因此，夏季管理技术尤为重要。

光照：夏季的光照强度、光照时间均是最大的，植株的光合作用也是最强的。过量的光照也会对植物造成灼伤。此外，棚内的温度也会快速上升，容易导致多肉植物叶片细胞壁的破裂，出现叶片“化水”现象。因此，夏季晴天11：00—16：00，需要进行适当的遮阴，外遮阳的效果高于内遮阳。同时打开换气扇并卷起四周的保温膜，增加棚内的通风效果。

温度：温度过高影响酶的活性，作物根系吸取的水分不能满足其蒸腾的消耗，叶片绿色部分的气孔就会不同程度的关闭，光合作用得不到足够的$CO_2$原料合成有机物，光合作用的速率下降甚至停止。热带的地区还可以采用水帘风机进行有效降温，保证多肉植物顺利度过潮湿炎热的夏季。

水分：夏季棚内气温高于35℃，会迫使植物进入休眠或半休眠状态，根系活力减弱，植物对于水分的需要也随之降低。另外，棚内蒸发量大，高温潮湿的环境容易诱发细菌性或真菌性的病害，虫害也会因此增加。浇水要特别注意时间、频率及通风遮阳。因此，一是浇水最好选择在晴天的16：00以后，或者在阴天的早上，避免在烈日中午进行浇水；二是减少浇水的频率，可以通过观察植株叶片的状态判断浇水时间，选择在叶片刚发软后进行浇水最为合适，做到干透再浇；三是浇水后一定要保持通风。为了减少夏季水分长期滞留在土壤中，导致叶片腐烂的现象，春季移栽时可在基质中增加火山石、椰糠或者细树皮比例，有利于基质的快速排水。

肥料：夏季棚内高温迫使部分拟石莲属多肉植物处于休眠或半休眠状态，植株根系活力减弱，养分吸收减少。因此夏季不宜给多肉植物施用氮含量高的肥料，容易导致植株营养生长过旺，抗性降低，容易招致病虫害的侵扰。初夏时，可少量施用提高植株抗性的复混肥料或生物肥。

（3）秋季养护方法。9—10月是多肉植物在一年中的第二个快速生长期，冬型种应及时浇水、施肥，保持通风，浇水的原则是干透浇透。夏型种可适当减少遮光。11月昼夜温差大，一些夏型种应尽量移入室内，避免植株生长点受到伤害，影响第二年的生长。

光照：秋季也是多肉植物生长繁殖的季节，虽然光照时长和光照强度相较于夏季逐渐减少，但足以满足多肉植物的生长。大棚的内外遮阳网全部收起以增加棚内光照。

温度：秋季将大棚温度控制在20～28℃，能有效促进多肉植物的营养生长，这个时期也是多肉植物繁殖的适宜时期。秋季大棚可逐步减少遮阴的频率，增加光照的时间，让多肉植物生长缓慢，增强植物的抗性，为顺利度过冬天做准备。

水分：秋季是多肉植物的旺盛生长季节，相比于夏季，植物对于水分的需求量增多，根系活力增加。浇水采用见干见湿的原则。对处于快速生长期的多肉植物幼苗，可增加浇水的频率。成苗期的多肉植物可以适当减少浇水频率以促进植株株型紧凑，实现叶片快速转色，尤其是到了11月，需要逐渐减少浇水频率和浇水量，为多肉植物越冬做准备。

肥料：适当补充肥料，能够为作物光合作用提供充足的原料和能量因子，增加植株抗性，顺利度过冬季。可施用复合肥，在浇水时将肥料溶解在水中，主要补充磷钾肥和微量元素。常用肥料有磷酸二氢钾，可喷施或冲施，浓度为0.01%～0.1%，螯合铁冲施浓度为0.001%～0.1%，施肥原则为薄肥勤施。

（4）冬季养护方法。冬季是一年中光照时间最短的季节。因此多肉植物的冬季管理应围绕防寒保温和增加光照进行。

光照：冬季应完全收起内外遮阳网，增加棚内光照强度和光照时长，给植株充分的日照。若光照不足，会使得植株节间增长，叶片变薄，株型松散，生长点附近颜色变浅，抗性降低，易感病害。

温度：当室外白天温度低于12℃时，需要将大棚四周的保温膜放下，可保留20～30 cm的通风口，让多肉植物逐渐适应温度的变化。当室外白天温度长期低于5℃，就需要将四周的保温膜完全放下，仅在晴天的白天部分打开，增加棚内的$CO_2$含量。

水分：刚入冬时，多肉植物在没进入休眠期就提前断水，会影响多肉植物生长甚至造成提前死亡。因此，要逐步减少多肉植物浇水频率和浇水量。当棚内温度低于5℃时，需要完全断水一段时间，待温度上升后再逐步少量给水。冬季浇水选择在晴天的上午进行。

肥料：冬季不适宜给多肉植物施用肥料。

5. 病虫害防治

拟石莲属多肉植物病虫害为害较少，棚内因四季的光照、温度、湿度的变化，以夏季和冬季病害最为严重，春夏季虫害最为严重。大棚内拟石莲属主要的病害有黑腐病、锈斑病、炭疽病，其中黑腐病是为害多肉植物最为严重的病害。虫害主要有介壳虫、蚜虫、蚂蚁等。

（1）黑腐病。不同多肉植物的黑腐病是由不同病原菌侵染造成的。拟石莲属多肉植物黑腐病发生较为严重，已成为多肉植物的主要病害，在湿热环境下扩展迅速。主要为害部位：茎、叶、根、花茎、叶茎交界处等。发病初期，叶片出现黑褐色斑点，少数叶片出现水渍化（图3-3）。发病中期，水化的叶片基部发黑腐烂，随着病情加重，病斑逐渐扩大成水渍状大病斑并相互交叠融合（图3-4）。发病后期，叶片大量腐烂脱落，直至茎秆干枯倒伏，植株死亡（图3-5）。

图3-3　黑腐病发病株发病初期

图3-4　黑腐病发病株发病中期

图3-5　黑腐病发病株发病后期

黑腐病的防治以“预防为主，防治结合”的方式。在春季和秋季，喷施稀释800～1 000倍的多菌灵或百菌清进行预防，每7天喷雾1次，连续喷施3～5次，可有效去除种苗本身携带的黑腐病菌，有效降低后期的发病率。发现黑腐病为害后，及时摘除病叶，断水1周左右，并及时喷施治疗药剂，可选择药剂有氯氟醚菌唑、苯醚甲环唑和咯菌腈，40%氟硅唑乳油、80%代森锰锌可湿性粉剂和50%多菌灵可湿性粉剂，待发病部位不再进行蔓延后再逐步增加浇水量，进入正常管理。在多肉植物生产过程中交替使用不同药剂，以减轻病害发生，提高防治效果，防止产生抗药性。

（2）锈病。锈病是多肉植物中较常见的一种真菌性病害，严重影响其观赏价值（图3-6）。发病初期产生水肿状小点，中央黄色、铁锈色，然后向四周蔓延，严重时引起植株死亡。病原为锈菌，生活史有无性世代和有性世代，其中无性世代产生的夏孢子是锈病的主要病原形式。锈病的流行是由锈菌的多重侵染特性和夏孢子巨大的繁殖能力决定的，夏孢子10～14天便可完成一个侵染循环，一个夏孢子堆成熟后可释放出成千上万个夏孢子。因此，多肉植物被害处因病菌孢子堆积形成黄锈色的疱状物。

防治措施：一是选育抗病品种；二是加强栽培管理，控制好温湿度和通风透气；三是在发病后及时施用多菌灵、锰锌·腈菌唑可湿性粉剂等药剂进行防治。

（3）炭疽病。主要发生在多肉叶片上，初期表现为绿色水渍状小点，逐渐扩大为圆形或椭圆形病斑（图3-7），病斑中央凹陷，呈红褐色至灰褐色，边缘暗褐色，后期表现为黑褐色病斑。炭疽病病原为半知菌，高温高湿有利于病菌发生流行。

图3-6 多肉植物的锈病

图3-7 多肉植物的炭疽病

防治措施：一是选择抗病品种；二是做好种苗消毒，多肉植物定植时用多菌灵等杀菌剂消毒；三是加强栽培管理，合理密植和肥水管理，及时去除发病严重的病株或组织；四是化学防治，选用多菌灵、炭疽福美等杀菌剂进行防治。

（4）介壳虫。初夏或春夏季，棚内温度逐渐升高。温暖潮湿的环境中，介壳虫是为害多肉植物生长最主要的虫害之一，其中以粉蚧最为常见。介壳虫虫体卵圆形，体壁柔软，前胸背板和头无明显分界线，具有白色粉末状覆盖物，以成虫、若虫群集多肉叶片或茎上刺吸汁液为害（图3-8，图3-9），造成多肉植物生长受阻，叶片变黄；此外，虫害往往会诱使病害的发生，介壳虫分泌的蜜露附着在多肉叶片上可诱发煤污病（图3-10，图3-11），叶片出现黑色斑点，而后逐渐成片，影响植物的观赏性，后期还会造成光合作用受阻，严重影响多肉植物的生长。

防治措施：大棚温度上升后，加强通风和光照，早春时应连续喷施高氯菊酯·吡虫啉药剂3～5次，对存在于多肉植株上且不易发现的虫卵进行处理；初夏小范围发生时，可以选用螺虫乙酯、阿维菌素等高效低毒药剂进行喷雾防治。

图3-8　介壳虫为害花柱

图3-9　介壳虫为害生长点

图3-10　介壳虫诱发煤污病初期

图3-11　介壳虫诱发煤污病后期

（5）蚜虫。小型害虫，翅蚜体长2 mm左右，无翅蚜略小，体色因种类不同有差异，具有周期性的孤雌生殖、孤雌世代和有性世代交替、多型现象，生长繁殖速度快、隐匿性强，容易暴发。对于拟石莲属多肉植物的为害主要有3种方式：一是以蚜虫的成虫、若虫聚集在花剑、植株新叶或靠近新叶的叶腋处，吸食汁液；二是成虫分泌的蜜露能诱发叶片活花剑上的煤烟病；三是可见蚜虫和病毒病同时存在于一株植株的情况，蚜虫为植物病毒病的重要传播介质。

防治措施：加强大棚的四季栽培管理，尤其是春夏季，避免出现高温闷热现象，高温天气需要打开遮阳网，减少浇水频率甚至短时间断水。春季换盆时，可在基质中添加呋虫胺颗粒药剂，也可喷施1 000倍的阿维菌素药剂，连续喷施3次，减少蚜虫生殖量。当发现局部的蚜虫时，若受害部位是花剑，可直接剪除；还可采用物理防治，利用蚜虫趋黄性，选用黄板可有效减少有翅蚜为害。当受害的范围较大时，可选用植物源农药鱼藤酮、天然除虫菊乳液等，或使用化学药剂防治，如氟啶虫酰胺、氟啶虫胺腈。

## （二）露地种植管理

### 1. 试验地准备

选择地势平坦、光照无遮挡、排灌方便、通风良好、土质均匀、相对疏松且土壤质量能代表当地拟石莲属主要种植区土壤特性的地块。根据露地种植时间提前进行试验地的除草、翻耕、消毒、平整、起垄、铺设地布地膜等工作，提前准备好试验地备用。

### 2. 划区

在露地种植前1～2天，按照已绘制好的田间种植平面图和每个小区的大小，对备耕好试验地进行划区。小区划分好后，需在每个小区插上标签牌，标签牌上写明小区编号和品种编号，同时核对以保证试验地块的田间布置和小区排列顺序与种植平面图一致。

### 3. 测试材料的种植

（1）种植时间的确定。移栽种植要避开高温的夏季和严寒的冬季，早春和晚秋移栽成活率更高。露地移栽一般在3月中下旬定植，适宜下种温度为15～20℃，具体时间根据当地气候确定。

（2）种植前的准备。材料的准备：多肉植物的病害多来自植物根部，在种植过程中尽量避免裸根种植，移栽多采用穴盘育苗，整株带土移栽的方式增加植株的存活率。土壤准备：土壤深翻20～30 cm，翻后耙碎耙平，按70 cm距离拉绳划线，准备作厢。宜高厢双行定植，按70 cm包沟作厢，厢宽30～40 cm，沟宽30 cm，厢高25～30 cm。为避免杂交对多肉植物生长的影响，减少中耕除草工作，可采用厢面和沟均覆盖防草地布，或厢面覆盖地膜、沟覆盖地布形式进行种植，地膜可采用银黑色地膜。

（3）定植。移栽定植一般选择阴天或者晴天的下午进行。按照设定的株行距打好种植穴，将需要移栽的苗按照对应的品种编号摆放在小区上，以（15～20）cm × 20 cm或以植株直径的2～2.5倍作为株行距，每厢2行或多行进行种植。注意核对育苗盘上的品种编号和种植小区的标签牌编号一致后方可进行种植。种植前育苗盘或育苗杯浇透水，种植时选择大小一致、无病虫害植株，剔除弱小植株，用广谱性药剂（如多菌灵）对种植材料进行喷施后，带基质移栽。取苗时注意尽量减少根部伤害，定植深度适宜，并浇足定根水。

4. 田间管理

同一时期的各种植小区的田间管理应保持一致，同一管理措施应在同一天完成。管理应及时恰当，并且不能使用增色剂、生长调节剂等影响植物正常生长的药品。

（1）补苗。种植后10～14天观察苗的生长情况，及时进行补苗以保证每个小区的种植株数。

（2）中耕除草。多肉植物采用地布覆盖种植或地布加地膜覆盖种植的形式，极大地减少田间杂草，抑制杂草生长。盖膜前应中耕松土除草，之后可视田间杂草的生长情况及时进行中耕除草。

（3）水分管理。刚种植的多肉植物需浇定根水保证苗的成活，露地栽培定植后5～7天需浇水1次，之后根据土壤湿润程度和天气情况浇水。20天左右待苗成活后可逐渐减少浇水次数，成苗后一月浇水4～6次，根据季节和温度可适当增减。拟石莲属多肉植物耐旱但不耐涝。如果土壤水分过多或者长时间积水时，叶片容易腐烂，甚至整株死亡。因此，雨季要注意排水，保证排水沟通畅。

（4）施肥管理。拟石莲属多肉植物对土壤要求不严，耐贫瘠。为使得多肉植物正常生长，种植时可施用有机肥作为底肥，后期不再需要追肥。底肥的用量为有机肥5 000～8 000 $kg/hm^2$。在起垄前，将底肥均匀铺撒在地面，然后深耕入土，反复耕耙使土肥均匀即可。

5. 露地病虫害防治

露地种植拟石莲属多肉植物病虫害为害较少，病害主要有黑腐病、黑斑病、锈斑病、炭疽病。虫害主要有介壳虫、蚜虫以及地下害虫蛴螬、蚂蚁、地老虎等。

（1）黑腐病。相比于大棚环境，露地种植的拟石莲属多肉植物黑腐病发生较轻，且通过喷施药物，容易治疗。主要为害部位也是植株生长点、茎、叶片、叶茎交界处和花茎等部位。发病初期叶片出现黑褐色斑点，叶片基部生长点发黑，叶片易脱落，随着病情加重，病斑逐渐扩大成水渍状大病斑并相互交叠融合。发病后期发病叶片大量脱落，茎秆干枯死亡（图3-12）。

移栽地上种植前，可用稀释800～1 000倍多菌灵或百菌清进行短时浸泡，可有效去除种苗本身携带的黑腐病菌，有效降低移栽后的发病率。黑腐病多发生在春夏交替以及夏季高温高湿的天气，因而在长期阴雨天气，需及时清理枯枝烂叶，做好排水、排湿，并全面喷洒杀菌剂进行消毒。一旦发现黑腐病为害后，及时摘除病叶，断水1周左右，并及时喷施治疗药剂，可选择药剂有氯氟醚菌唑、苯醚甲环唑和咯菌腈、40%氟硅唑乳油，连续使用3次以上。若效果不理想，可交替使用不同药剂，减轻病害发生。

（2）黑斑病。主要发生在多肉植物叶片、茎上，初期表现为黑中带绿水渍状斑，逐渐扩大为圆形或不规则状，病斑中央凹陷，呈赤褐色或灰褐色（图3-13），病斑质地较炭疽病硬；病斑中间产生黑色小点，黑色小点为病菌分生孢子器。

图3-12　露地种植黑腐病发病过程

图3-13　黑斑病侵染多肉植物叶片

防治措施：加强栽培管理，做好土壤消毒。发病后，使用丙环唑、咪鲜胺、腈菌唑和多菌灵等杀菌剂进行防治。

（3）虫害。防治总体原则是以预防为主，通过深翻、晾晒土壤，及时清除田间杂草和枯枝烂叶，消灭越冬成虫和若虫，从而减少虫源。还可以利用一些害虫的趋向性进行诱杀，必要时再采用化学药剂进行防控。

（4）地下害虫类。包括蛴螬、蚂蚁、地老虎等。常为害柱花草根部、茎及幼嫩组织，严重时会引起植株死亡（图3-14）。蛴螬的防治可在移栽定植前，用10%辛硫磷颗粒剂，按每亩（1亩≈667 $m^2$）1.5 ~ 2.0 kg的量与底肥混合均匀后施入地里；发现幼虫为害后，可用75%辛硫磷乳油1 000倍液或90%敌百虫晶体1 000倍液进行灌根。地老虎的防治通常都在傍晚害虫出土之际进行，用50%辛硫磷乳油稀释1 000倍后进行喷雾。

**图3-14　蚂蚁为害多肉植物花剑**

## 三、品种保存与繁殖

### 1. 品种保存

拟石莲属多肉植物上盆2年后，根系易长出盆底，生长放缓，需要换盆栽培。花盆的直径应比植株株冠稍大，一般在春季或秋季进行换盆操作。换盆时，将植株根部土壤去除干净，剪去老根和烂根，以促发健壮新根，适当晾晒2 ~ 3天后，用新基质重新栽种。换盆后1周的养护，注意通风，浇水见干见湿，晴天需要遮阴，光照强度为5 000 ~ 8 000 lx。

长势过密的多肉植株、生长不良的植株或种植基质养分耗尽的盆栽，则需要及时进行移栽换盆。换盆后的养护与田间栽培管理措施相同。

2. 品种繁殖

多肉植物的繁殖方法主要有分芽繁殖、扦插培养和种子繁殖。大面积生产以扦插为主，种子繁殖时间长且成功率较低。

（1）分芽繁殖。多肉植物成苗生长的第二年，会在老株的叶基部或者茎基部萌发出一些小植株，换盆时要将这些小植株从母株上剥离。若小植株上有根，可直接栽到穴盘或花盆中，若没有根，可放置于阴凉处至茎干长出不定根和不定芽后，再进行移栽种植。

（2）茎插繁殖。茎插繁殖是多肉植物的主要繁殖方式之一，茎插繁殖的优点是可以保存母本的优良特性，且操作简单，成苗速度快。优良的母株是扦插成活的关键，插穗采集时应选择生长健壮的母株，采用酒精消毒后的工具对茎干进行平切后，直至2～3天伤口完全晾干，再将其插在种植基质中，18～25℃温度范围内，1周左右即可发根。

（3）叶插繁殖。叶插繁殖属于扦插方式的一种，也是多肉植物的主要繁殖方式之一。该方法相较于茎插繁殖所需要的母本量更少，且单株的繁殖系数更高，但成苗的时间长于茎插，成苗时间为6～8个月。叶插繁殖采集的叶片需要完整取下，生长点完好，否则不会长出不定根或不定芽。采摘的叶片平铺放置于自然光下且通风阴凉干燥处，待25～35天后，叶片基部长出一定量的不定根和不定芽，即可移栽至穴盘或苗床中，移栽初期进行少量多次浇水，土壤保持湿润即可，基质湿度不要过大，否则植株易腐烂。

第四部分

# 拟石莲属植物品种DUS测试性状观测与图像采集

# 一、基本要求

1. 测试性状

性状是测试的基础，列入测试指南的测试性状分为基本性状和选测性状。测试时，依据《植物品种特异性、一致性和稳定性测试指南　拟石莲属》总体的技术要求，参照本操作规程对性状进行准确描述。性状观测前，提前制定好“拟石莲属测试品种生育期记录表”（附件例11）、“××年度拟石莲属测试品种目测性状记录表”（附件例12）、“××年度拟石莲属品种测量性状记录表”（附件例13）、“××年度拟石莲属测试品种图像数据采集记录表”（附件例14）、“××年度拟石莲属测试品种栽培管理记录及汇总表”（附件例15）等系列记录表。在指南规定的观测时期进行性状观察，做好数据记录和工作记录（非常重要的原始档案），原始记录必须经过复核和审核。

2. 观测时期

性状观测应在《植物品种特异性、一致性和稳定性测试指南　拟石莲属》表A.1和表A.2列出的生育阶段进行。生育阶段描述见表4-1。

拟石莲属一般在春季3月、4月开始开花，花陆续开放一个半月左右。拟石莲属测试性状的观测主要集中在营养生长期。

**表4-1　拟石莲属植物生育阶段**

| 生育阶段代码 | 名称 | 描述 |
|---|---|---|
| 21 | 营养生长期 | 从种苗定植后到开始抽花 |
| 31 | 初花期 | 小区内20%植株至少开1朵花 |
| 35 | 盛花期 | 小区内50%植株花枝上50%的花开放 |

3. 观测方法

性状观测按照《植物品种特异性、一致性和稳定性测试指南　拟石莲属》表A.1和表A.2规定的观测方法（VG、MG、MS）进行。具体性状的观测方法和分级标准详见本部分的“性状调查与分级标准”。

4. 观测数量

除非另有说明，个体观测性状（MS）植株取样数量不少于10株，在观测植株的器官或部位时，每个植株取样数量应为1个。群体观测性状（VG）应观测整个小区或规定大小的混合样本。

5. 数量性状分级标准

不同的生态区域，应根据标准品种性状的表达情况和本生态区域的品种特性，制定一套适合本生态区域的数量性状的分级标准。本部分数量性状分级为海南儋州分级标准。

需特别注意的是，对于某一个测试点，数量性状的分级标准还应根据本年度标准品种性状的表达情况作适当的调整。

## 二、性状调查与分级标准

### （一）基本性状观测与分级

#### 性状1　植株：高度

**性状类型：** QN。

**观测时期：** 从种苗定植后到开始抽花（21）。

**观测部位：** 植株。

**观测方法：** 测量（MS）地面至叶最顶端高度，有分枝品种测量最大分枝植株高度（图4-1）。观测10个植株，对照标准品种，按表4-2进行分级。如小区内性状表达不一致，应调查其一致性。

**图4-1　植株高度和宽度测量方法**

注：1—植株：宽度；2—植株：高度。

表4-2 植株：高度分级

| 表达状态 | 矮 | 矮到中 | 中 | 中到高 | 高 |
|---|---|---|---|---|---|
| 代码 | 1 | 2 | 3 | 4 | 5 |
| 标准品种 | 子持白莲 | | 卡罗拉 | | 大瑞蝶 |
| 参考分级（cm） | ≤1.5 | （1.5，3.5］ | （3.5，5.5］ | （5.5，7.5］ | >7.5 |

## 性状2 植株：宽度

**性状类型：**QN。

**观测时期：**从种苗定植后到开始抽花（21）。

**观测部位：**植株。

**观测方法：**测量（MS）植株最宽处的宽度，有分枝品种测量最大分枝植株宽度（图4-1）。观测10个植株，对照标准品种，按表4-3进行分级。如小区内性状表达不一致，应调查其一致性。

表4-3 植株：宽度分级

| 表达状态 | 极窄 | 极窄到窄 | 窄 | 窄到中 | 中 | 中到宽 | 宽 | 宽到极宽 | 极宽 |
|---|---|---|---|---|---|---|---|---|---|
| 代码 | 1 | 2 | 3 | 4 | 5 | 6 | 7 | 8 | 9 |
| 标准品种 | | | 静夜 | | 吉娃娃 | | 沙维娜 | | |
| 参考分级（cm） | ≤2.5 | （2.5，4.0］ | （4.0，5.5］ | （5.5，7.0］ | （7.0，8.5］ | （8.5，10.0］ | （10.0，11.5］ | （11.5，13.0］ | >13.0 |

## 性状3 植株：分枝数

**性状类型：**QN。

**观测时期：**从种苗定植后到开始抽花（21）。

**观测部位：**植株。

**观测方法：**目测（VG）植株一级分枝的数量。观测整个小区，对照标准品种，按表4-4进行分级。如小区内性状表达不一致，应调查其一致性。

表4-4 植株：分枝数分级

| 表达状态 | 无或极少 | 少 | 中 | 多 | 极多 |
|---|---|---|---|---|---|
| 代码 | 1 | 2 | 3 | 4 | 5 |

（续表）

| 表达状态 | 无或极少 | 少 | 中 | 多 | 极多 |
|---|---|---|---|---|---|
| 标准品种 | | | 白姬莲 | 小红衣 | |
| 参考分级（个） | [0，1] | [2，4] | [5，7] | [8，12] | ＞12 |
| 参考图片 | | | | | |

### 性状4　叶：数量

**性状类型：**QN。

**观测时期：**从种苗定植后到开始抽花（21）。

**观测部位：**叶。

**观测方法：**目测（VG）叶片数量，有分枝品种观测最大分枝的叶数量。观测整个小区，对照标准品种，按表4-5进行分级。如小区内性状表达不一致，应调查其一致性。

**表4-5　叶：数量分级**

| 表达状态 | 少 | 少到中 | 中 | 中到多 | 多 |
|---|---|---|---|---|---|
| 代码 | 1 | 2 | 3 | 4 | 5 |
| 标准品种 | 大瑞碟 | | 橙梦露 | | |
| 参考分级（片） | ≤10 | （10，20] | （20，30] | （30，40] | ＞40 |
| 参考图片 | | | | | |

### 性状5　叶：长度

**性状类型：**QN。

**观测时期：**从种苗定植后到开始抽花（21）。

**观测部位：**叶。

**观测方法：**测量（MS）主茎上发育充分的外轮最长叶长度（图4-2）。测量10个植株，对照标准品种，按表4-6进行分级。如小区内性状表达不一致，应调查其一致性。

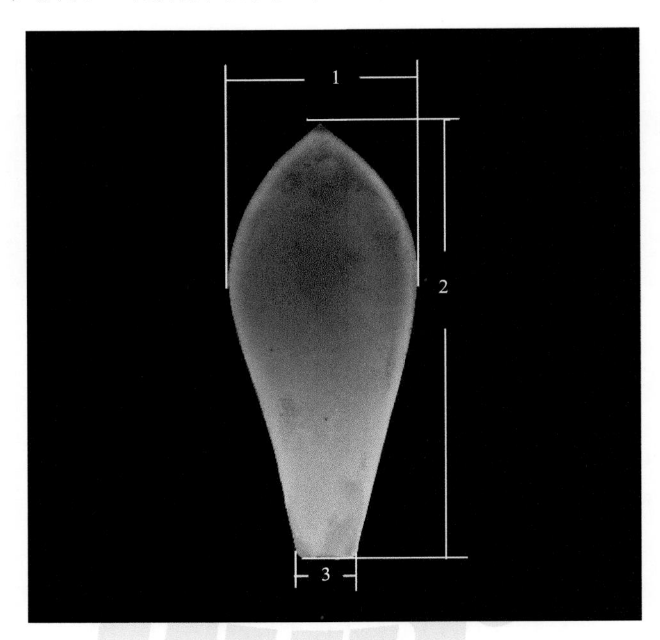


**图4-2 叶测量方法**

注：1—叶：宽度；2—叶：长度；3—叶：基部宽度。

**表4-6 叶：长度分级**

| 表达状态 | 极短 | 极短到短 | 短 | 短到中 | 中 | 中到长 | 长 | 长到极长 | 极长 |
|---|---|---|---|---|---|---|---|---|---|
| 代码 | 1 | 2 | 3 | 4 | 5 | 6 | 7 | 8 | 9 |
| 标准品种 | | | 静夜 | | 花月夜 | | 冬云 | | |
| 参考分级（cm） | ≤1.0 | (1.0，1.5] | (1.5，2.0] | (2.0，3.0] | (3.0，4.0] | (4.0，5.0] | (5.0，6.0] | (6.0，7.0] | >7.0 |

## 性状6 叶：宽度

**性状类型：**QN。

**观测时期：**从种苗定植后到开始抽花（21）。

**观测部位：**叶。

**观测方法：**测量（MS）主茎上发育充分的外轮最长叶宽度（图4-2）。测量10个植株，对照标准品种，按表4-7进行分级。如小区内性状表达不一致，应调查其一致性。

表4-7 叶：宽度分级

| 表达状态 | 极窄 | 极窄到窄 | 窄 | 窄到中 | 中 | 中到宽 | 宽 | 宽到极宽 | 极宽 |
|---|---|---|---|---|---|---|---|---|---|
| 代码 | 1 | 2 | 3 | 4 | 5 | 6 | 7 | 8 | 9 |
| 标准品种 | | | 魔爪 | | 花月夜 | | 沙维娜 | | |
| 参考分级（cm） | ≤0.55 | （0.55，0.85］ | （0.85，1.15］ | （1.15，1.45］ | （1.45，1.75］ | （1.75，2.05］ | （2.05，2.35］ | （2.35，2.65］ | >2.65 |

## 性状7 叶：基部宽度

**性状类型：** QN。

**观测时期：** 从种苗定植后到开始抽花（21）。

**观测部位：** 叶。

**观测方法：** 测量（MS）主茎上发育充分的外轮最长叶的基部宽度（图4-2）。测量10个植株，对照标准品种，按表4-8进行分级。如小区内性状表达不一致，应调查其一致性。

表4-8 叶：基部宽度分级

| 表达状态 | 窄 | 窄到中 | 中 | 中到宽 | 宽 |
|---|---|---|---|---|---|
| 代码 | 1 | 2 | 3 | 4 | 5 |
| 标准品种 | 子持白莲 | | 鲁氏石莲 | | 广寒宫 |
| 参考分级（片） | ≤0.25 | （0.25，0.45］ | （0.45，0.65］ | （0.65，0.85］ | >0.85 |

## 性状8 叶：厚度

**性状类型：** QN。

**观测时期：** 从种苗定植后到开始抽花（21）。

**观测部位：** 叶。

**观测方法：** 目测（VG）主茎上发育充分的外轮最长叶厚度，对照标准品种，按表4-9进行分级。如小区内性状表达不一致，应调查其一致性。

表4-9 叶：厚度分级

| 表达状态 | 薄 | 薄到中 | 中 | 中到厚 | 厚 |
|---|---|---|---|---|---|
| 代码 | 1 | 2 | 3 | 4 | 5 |
| 标准品种 | 沙维娜 | | 吉娃娃 | | 冬云 |

（续表）

| 表达状态 | 薄 | 薄到中 | 中 | 中到厚 | 厚 |
| --- | --- | --- | --- | --- | --- |
| 参考分级（片） | ≤0.25 | （0.25，0.45］ | （0.45，0.65］ | （0.65，0.85］ | >0.85 |
| 参考图片 | 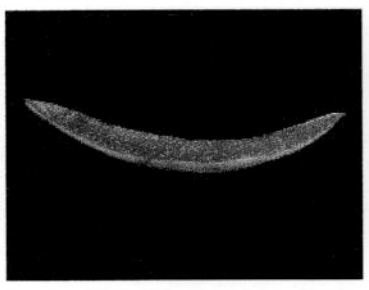 | 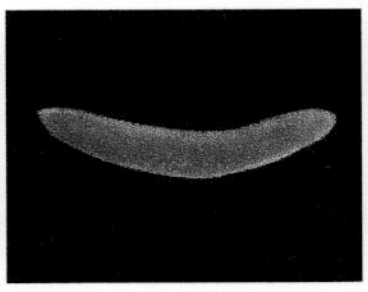 | 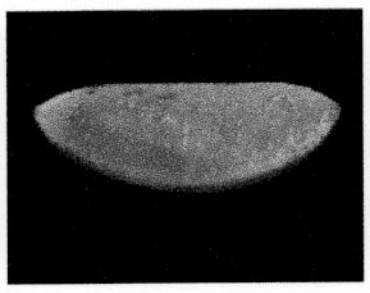 | 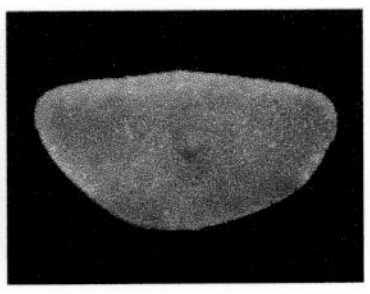 | 暂无图片 |

### 性状9　叶：形状

**性状类型：**PQ。

**观测时期：**从种苗定植后到开始抽花（21）。

**观测部位：**叶。

**观测方法：**目测（VG）主茎上发育充分的叶形状，对照标准品种，按表4-10进行分级。如小区内性状表达不一致，应调查其一致性。

**表4-10　叶：形状分级**

| 表达状态 | 卵形 | 披针形 | 椭圆形 | 近圆形 |
| --- | --- | --- | --- | --- |
| 代码 | 1 | 2 | 3 | 4 |
| 参考图片 | 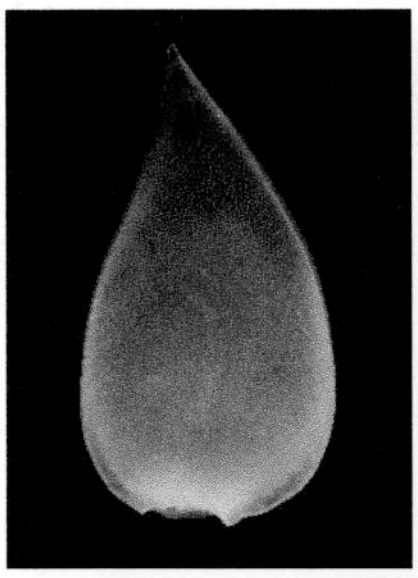 | 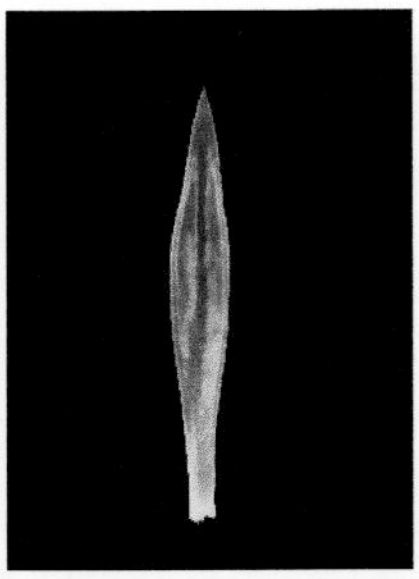 | 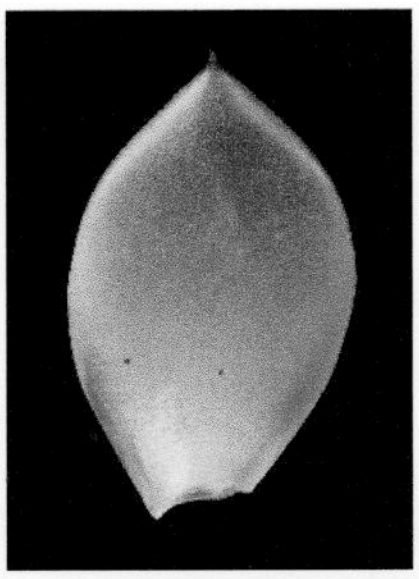 | 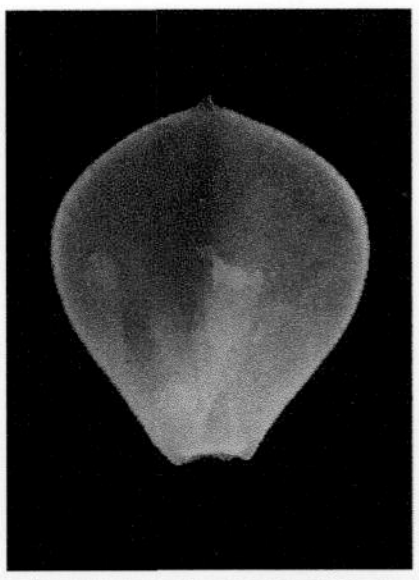 |
| 表达状态 | 倒卵形 | 匙形 | 菱形 | 筒形 |
| 代码 | 5 | 6 | 7 | 8 |
| 参考图片 | 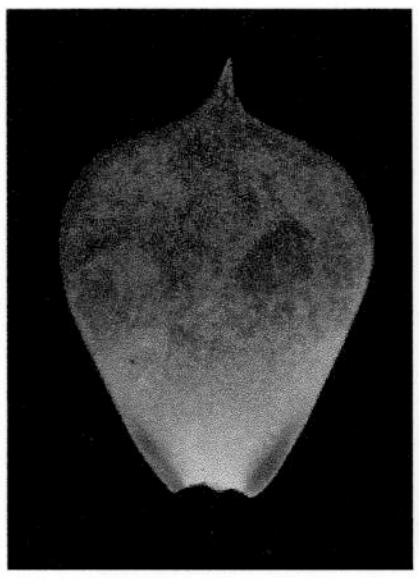 | 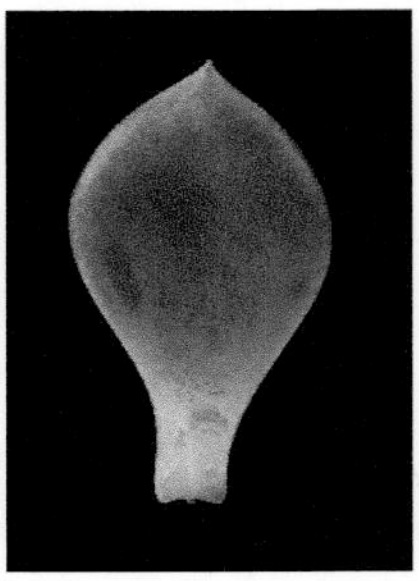 | 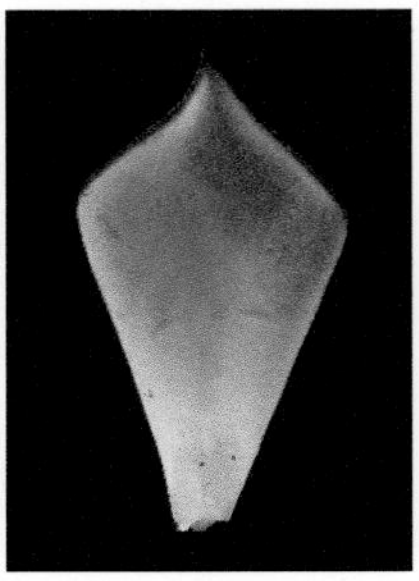 | 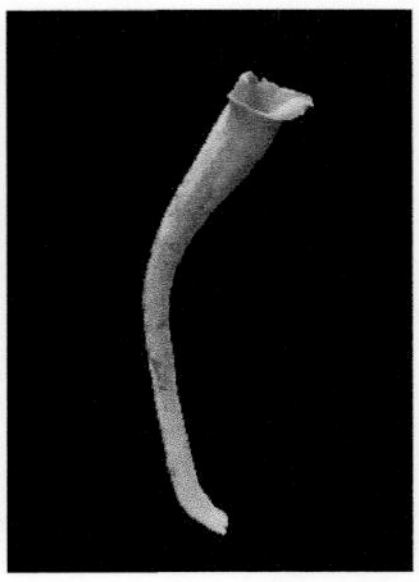 |

## 性状10　叶：先端形状

**性状类型：** PQ。

**观测时期：** 从种苗定植后到开始抽花（21）。

**观测部位：** 叶。

**观测方法：** 目测（VG）主茎上发育充分的叶先端形状，按表4-11进行分级。如小区内性状表达不一致，应调查其一致性。

**表4-11　叶：先端形状分级**

| 表达状态 | 锐角 | 钝角 | 钝圆 | 平截 | 微凹 |
|---|---|---|---|---|---|
| 代码 | 1 | 2 | 3 | 4 | 5 |
| 参考图片 | 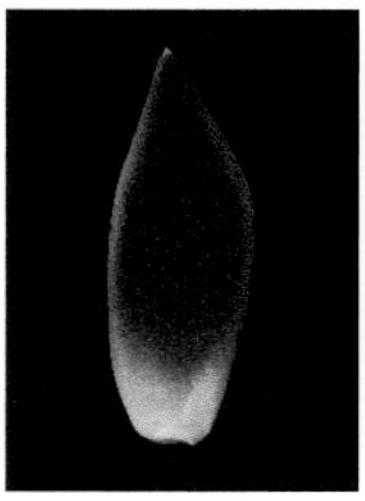 | 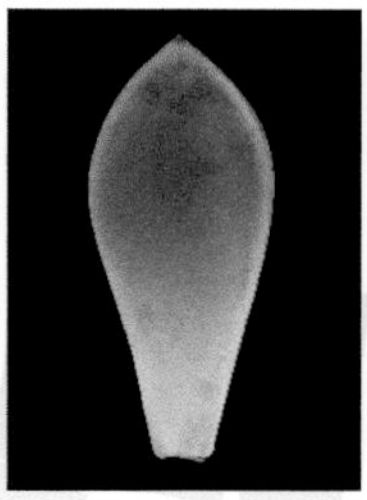 | 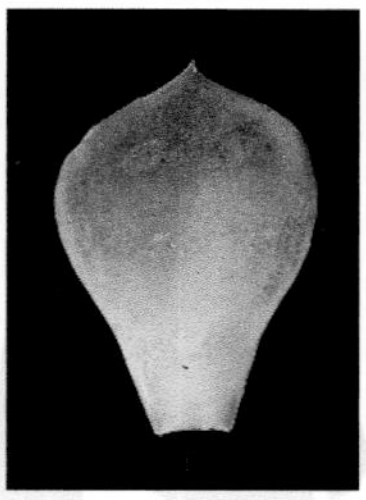 | 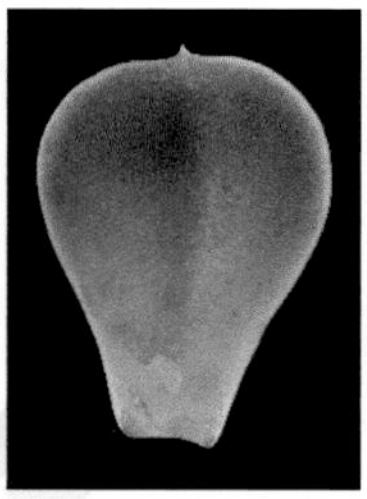 | 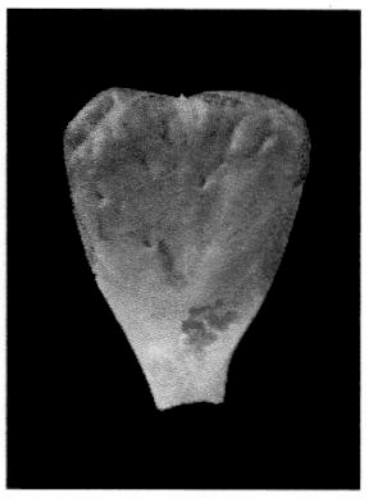 |
| |  |  |  |  |  |

## 性状11　叶：突尖长度

**性状类型：** QN。

**观测时期：** 从种苗定植后到开始抽花（21）。

**观测部位：** 叶。

**观测方法：** 目测（VG）主茎上发育充分的叶突尖长度，对照标准品种，按表4-12进行分级。如小区内性状表达不一致，应调查其一致性。

**表4-12　叶：突尖长度分级**

| 表达状态 | 无 | 短 | 中 | 长 |
|---|---|---|---|---|
| 代码 | 1 | 2 | 3 | 4 |
| 标准品种 | 冰玉 | 紫珍珠 | 三文鱼 | 艾格利亚 |

（续表）

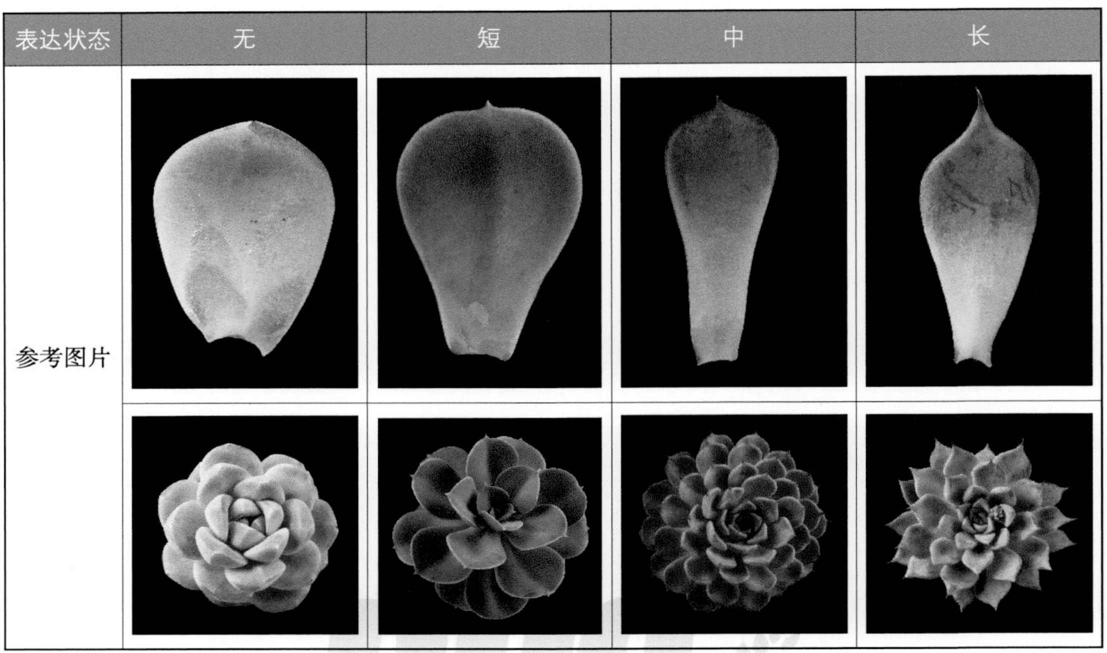

| 表达状态 | 无 | 短 | 中 | 长 |
| --- | --- | --- | --- | --- |
| 参考图片 | | | | |

## 性状12　叶：横截面形状

**性状类型：**PQ。

**观测时期：**从种苗定植后到开始抽花（21）。

**观测部位：**叶。

**观测方法：**目测（VG）主茎上发育充分的叶横截面形状，按表4-13进行分级。如小区内性状表达不一致，应调查其一致性。

**表4-13　叶：横截面形状分级**

| 表达状态 | 凹形 | 近半圆形 | 椭圆形 |
| --- | --- | --- | --- |
| 代码 | 1 | 2 | 3 |
| 参考图片 | | | |

（续表）

| 表达状态 | 拱形 | 圆形 |
| --- | --- | --- |
| 代码 | 4 | 5 |
| 参考图片 | 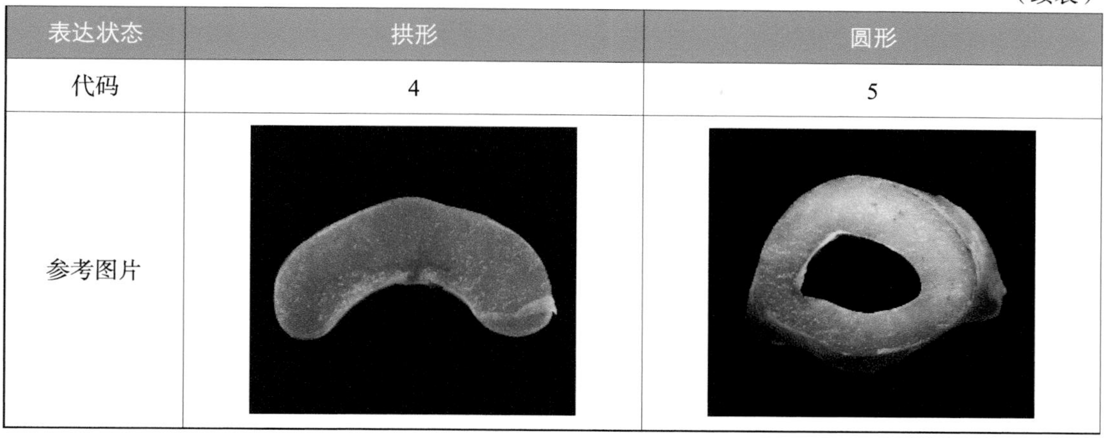 | |

## 性状13　叶：反卷

**性状类型：** QL。

**观测时期：** 从种苗定植后到开始抽花（21）。

**观测部位：** 叶。

**观测方法：** 目测（VG）植株叶片是否反卷，对照标准品种，按表4-14进行分级。如小区内性状表达不一致，应调查其一致性。

**表4-14　叶：反卷分级**

| 表达状态 | 无 | 有 |
| --- | --- | --- |
| 代码 | 1 | 9 |
| 标准品种 | 吉娃娃 | 特玉莲 |
| 参考图片 | | |

## 性状14　叶：叶艺

**性状类型：** QL。

**观测时期：**从种苗定植后到开始抽花（21）。

**观测部位：**叶。

**观测方法：**目测（VG）植株叶片是否反卷，对照标准品种，按表4-15进行分级。如小区内性状表达不一致，应调查其一致性。

**表4-15　叶：叶艺分级**

| 表达状态 | 无 | 有 |
|---|---|---|
| 代码 | 1 | 9 |
| 参考图片 |  |  |

## 性状15　仅适用于有叶艺品种　叶：叶艺颜色

**性状类型：**PQ。

**观测时期：**从种苗定植后到开始抽花（21）。

**观测部位：**叶。

**观测方法：**目测（VG）有叶艺品种的叶艺颜色，按表4-16进行分级。如小区内性状表达不一致，应调查其一致性。

**表4-16　仅适用于有叶艺品种　叶：叶艺颜色分级**

| 表达状态 | 白色 | 黄白色 | 黄绿色 |
|---|---|---|---|
| 代码 | 1 | 2 | 3 |
| 参考图片 |  |  |  |

（续表）

| 表达状态 | 浅绿色 | 粉红色 | 红色 |
|---|---|---|---|
| 代码 | 4 | 5 | 6 |
| 参考图片 | 暂无图片 | | |

### 性状16　仅适用于有叶艺品种　叶：叶艺位置

**性状类型：**PQ。

**观测时期：**从种苗定植后到开始抽花（21）。

**观测部位：**叶。

**观测方法：**目测（VG）有叶艺品种的叶艺位置，按表4-17进行分级。如小区内性状表达不一致，应调查其一致性。

**表4-17　仅适用于有叶艺品种　叶：叶艺位置分级**

| 表达状态 | 叶上部 | 沿叶两侧 | 叶中间 | 其他 |
|---|---|---|---|---|
| 代码 | 1 | 2 | 3 | 4 |
| 标准品种 | | 玉蝶锦 | | |
| 参考图片 | 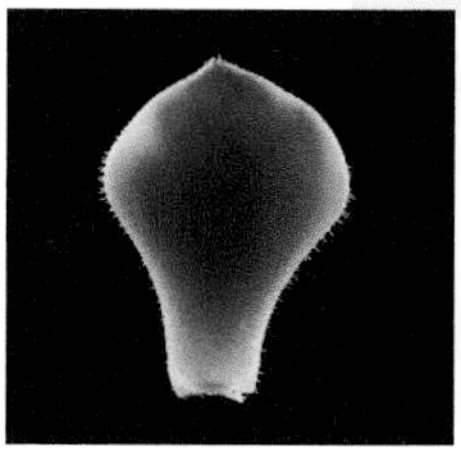 |  | 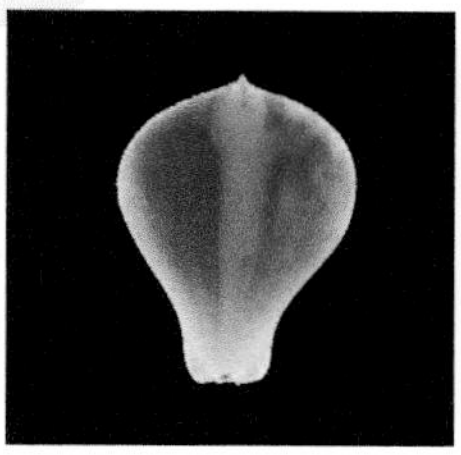 | 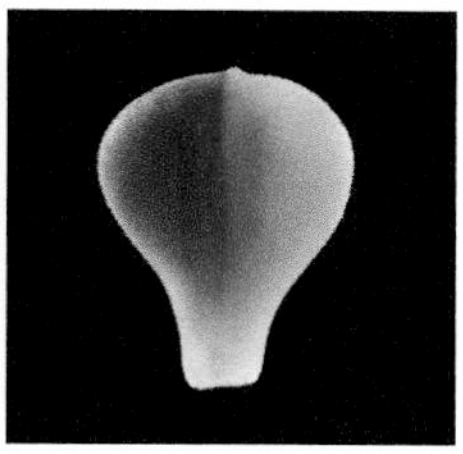 |
| |  |  | 暂无图片 | 暂无图片 |

### 性状17　叶：斑纹类型

**性状类型：**QL。

**观测时期：**从种苗定植后到开始抽花（21）。

**观测部位：**叶。

**观测方法：**目测（VG）植株叶斑纹类型，按表4-18进行分级。如小区内性状表达不一致，应调查其一致性。

**表4-18 叶：斑纹类型分级**

| 表达状态 | 无 | 斑点状 | 条状 | 片状 |
|---|---|---|---|---|
| 代码 | 1 | 2 | 3 | 4 |
| 标准品种 | | 白和锦 | 红司 | |
| 参考图片 | | | | |

## 性状18 叶：蜡粉

**性状类型：**QN。

**观测时期：**从种苗定植后到开始抽花（21）。

**观测部位：**叶。

**观测方法：**目测（VG）植株叶蜡粉，按表4-19进行分级。如小区内性状表达不一致，应调查其一致性。

**表4-19 叶：蜡粉分级**

| 表达状态 | 无或极少 | 少 | 中 | 多 | 极多 |
|---|---|---|---|---|---|
| 代码 | 1 | 2 | 3 | 4 | 5 |
| 标准品种 | 冬云 | 厚叶月影 | 花月夜 | 橙梦露 | |
| 参考图片 | | | | | |

## 性状19 仅适用于有毛品种 叶：毛密度

**性状类型：**QN。

**观测时期：**从种苗定植后到开始抽花（21）。

**观测部位：**叶。

**观测方法：**目测（VG）植株叶毛密度，按表4-20进行分级。如小区内性状表达不一致，应调查其一致性。

**表4-20　仅适用于有毛品种　叶：毛密度分级**

| 表达状态 | 无或极疏 | 疏 | 中 | 密 | 极密 |
|---|---|---|---|---|---|
| 代码 | 1 | 2 | 3 | 4 | 5 |
| 标准品种 | | 小蓝衣 | 毛莲 | 锦司晃 | |
| 参考图片 | 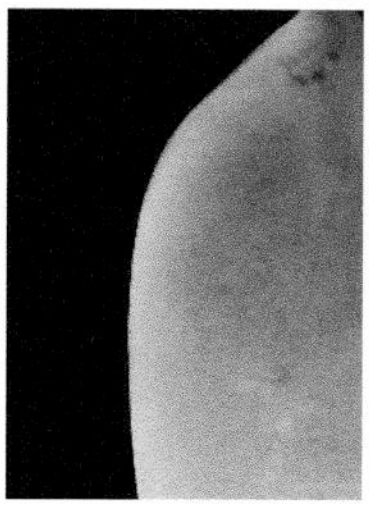 | 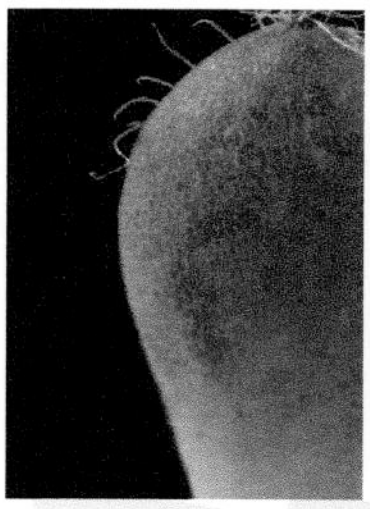 | 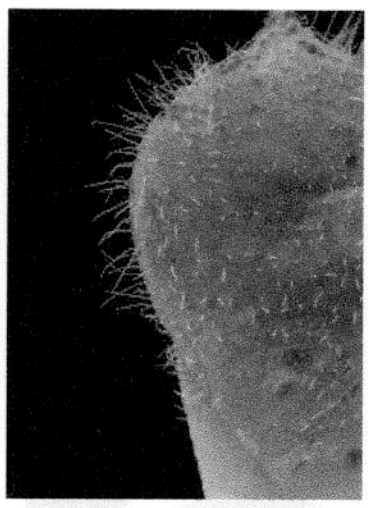 | 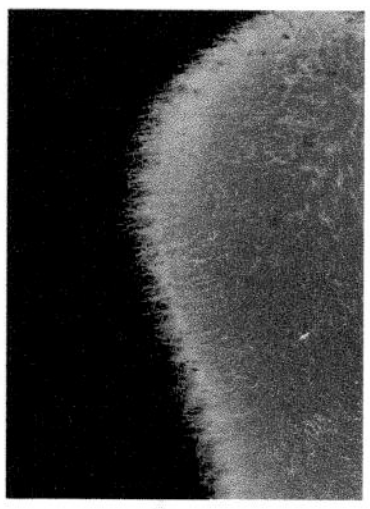 | 暂无图片 |

## 性状20　仅适用于有毛品种　叶：毛长度

**性状类型：**QN。

**观测时期：**从种苗定植后到开始抽花（21）。

**观测部位：**叶。

**观测方法：**目测（VG）植株叶毛长度，按表4-21进行分级。如小区内性状表达不一致，应调查其一致性。

**表4-21　仅适用于有毛品种　叶：毛长度分级**

| 表达状态 | 极短 | 短 | 中 | 长 |
|---|---|---|---|---|
| 代码 | 1 | 2 | 3 | 4 |
| 标准品种 | 毛莲 | 锦晃星 | 锦司晃 | 清渚莲 |
| 参考图片 | 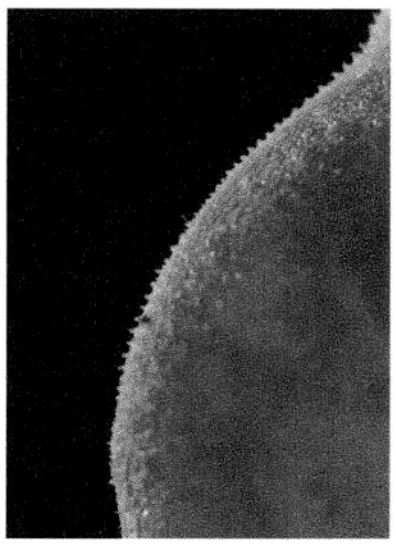 | 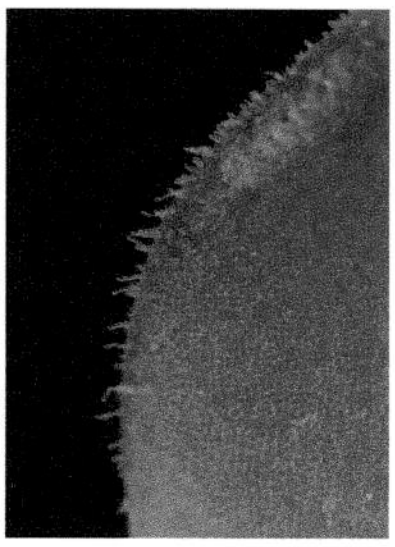 | 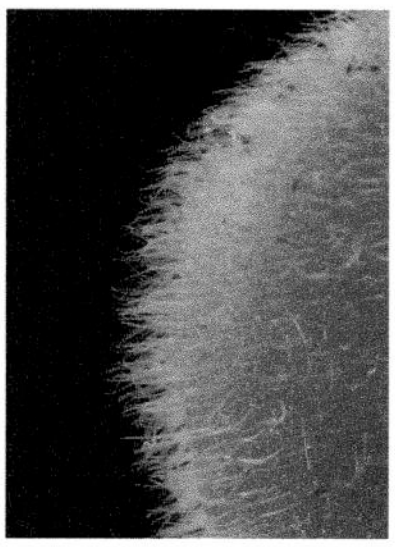 | 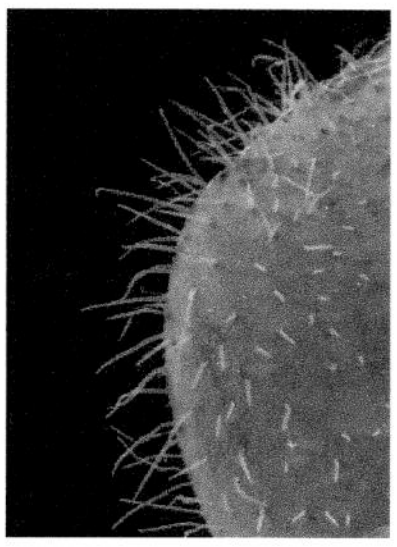 |

### 性状21　叶：上表面底色

**性状类型：** PQ。

**观测时期：** 从种苗定植后到开始抽花（21）。

**观测部位：** 叶。

**观测方法：** 目测（VG）植株叶上表面底色，有蜡粉品种，除去蜡粉后用HRS比色卡观测（表4-22），如小区内性状表达不一致，应调查其一致性。

表4-22　叶：上表面底色

| 表达状态 | 黄色 | 橙色 | 黄绿色 |
| --- | --- | --- | --- |
| 参考图片 | 暂无图片 | | |
| 表达状态 | 绿色 | 蓝绿色 | 红色 |
| 参考图片 | | | |
| 表达状态 | 紫红色 | 棕色 | 紫黑色 |
| 参考图片 | | | |

### 性状22　叶：覆色颜色

**性状类型：** PQ。

**观测时期：** 从种苗定植后到开始抽花（21）。

**观测部位：** 叶。

**观测方法：**目测（VG）植株叶覆色的颜色，有蜡粉品种，除去蜡粉后用HRS比色卡观测，如小区内性状表达不一致，应调查其一致性。

## 性状23　叶：上表面覆色分布

**性状类型：**PQ。

**观测时期：**从种苗定植后到开始抽花（21）。

**观测部位：**叶。

**观测方法：**目测（VG）植株叶上表面覆色分布，按表4-23进行分级。如小区内性状表达不一致，应调查其一致性。

**表4-23　叶：上表面覆色分布分级**

| 表达状态 | 叶尖 | 叶缘 | 叶上部 | 叶中上部 | 近全叶 |
|---|---|---|---|---|---|
| 代码 | 1 | 2 | 3 | 4 | 5 |
| 标准品种 | 静夜 | | | | |
| 参考图片 | | | | | |

## 性状24　叶：边缘波状程度

**性状类型：**PQ。

**观测时期：**从种苗定植后到开始抽花（21）。

**观测部位：**叶。

**观测方法：**目测（VG）植株叶边缘波状程度，对照标准品种，按表4-24进行分级。如小区内性状表达不一致，应调查其一致性。

**表4-24　叶：边缘波状程度分级**

| 表达状态 | 无或极弱 | 弱 | 中 | 强 | 极强 |
|---|---|---|---|---|---|
| 代码 | 1 | 2 | 3 | 4 | 5 |
| 标准品种 | 花月夜 | 大瑞蝶 | 沙维娜 | 高砂之翁 | |
| 参考图片 | | | | | 暂无图片 |

### 性状25　叶：表面疣凸

**性状类型：** QL。

**观测时期：** 从种苗定植后到开始抽花（21）。

**观测部位：** 叶。

**观测方法：** 目测（VG）植株叶表面疣凸有无，对照标准品种，按表4-25进行分级。如小区内性状表达不一致，应调查其一致性。

**表4-25　叶：表面疣凸分级**

| 表达状态 | 无 | 有 |
| --- | --- | --- |
| 代码 | 1 | 9 |
| 标准品种 | 静夜 | 雨滴 |
| 参考图片 |  |  |

### 性状26　仅适用于叶表面有疣凸的品种　叶：表面疣凸大小

**性状类型：** QN。

**观测时期：** 从种苗定植后到开始抽花（21）。

**观测部位：** 叶。

**观测方法：** 目测（VG）植株叶表面疣凸大小，对照标准品种，按表4-26进行分级。如小区内性状表达不一致，应调查其一致性。

**表4-26　仅适用于叶表面有疣凸的品种　叶：表面疣凸大小分级**

| 表达状态 | 小 | 中 | 大 |
| --- | --- | --- | --- |
| 代码 | 1 | 2 | 3 |
| 标准品种 | 龙骨红司 | 雨滴 | 宝塔 |
| 参考图片 |  |  |  |

## （二）选测性状观测与分级

### 性状27 叶：下表面覆色分布

**性状类型：**PQ。

**观测时期：**从种苗定植后到开始抽花（21）。

**观测部位：**叶。

**观测方法：**目测（VG）植株叶下表面覆色分布，按表4-27进行分级。如小区内性状表达不一致，应调查其一致性。

**表4-27 叶：下表面覆色分布分级**

| 表达状态 | 叶尖 | 叶缘 | 叶上部 | 叶中上部 | 近全叶 |
|---|---|---|---|---|---|
| 代码 | 1 | 2 | 3 | 4 | 5 |
| 标准品种 | 静夜 | | | | |
| 参考图片 | | | | | |

### 性状28 花序：花数量

**性状类型：**QN。

**观测时期：**小区50%植株花枝上50%的花开放（35）。

**观测部位：**花序。

**观测方法：**目测（VG）植株花序上单个花序花数量，对照标准品种，按表4-28进行分级。如小区内性状表达不一致，应调查其一致性。

**表4-28 花序：花数量分级**

| 表达状态 | 极少 | 少 | 中 | 多 | 极多 |
|---|---|---|---|---|---|
| 代码 | 1 | 2 | 3 | 4 | 5 |
| 标准品种 | | 静夜 | 花月夜 | 沙维娜 | |
| 参考区间（个） | ≤5 | （5，10］ | （10，15］ | （15，20］ | >20 |

（续表）

| 表达状态 | 极少 | 少 | 中 | 多 | 极多 |
|---|---|---|---|---|---|
| 参考图片 | 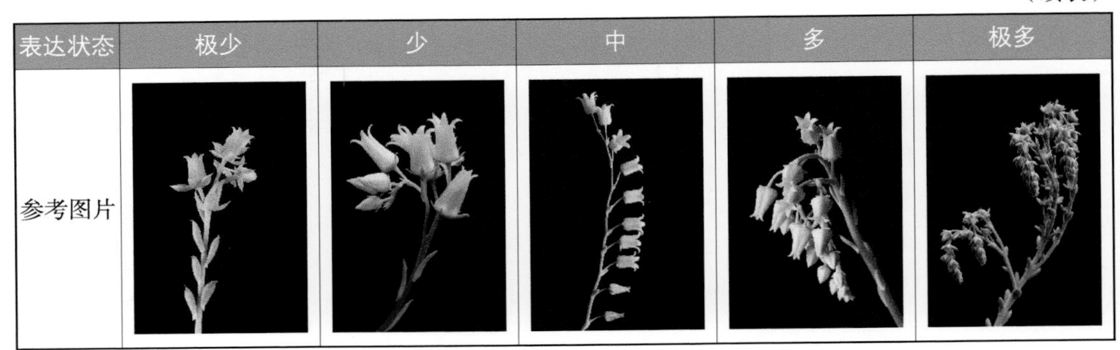 | | | | |

## 性状29　花序：长度

**性状类型：** QN。

**观测时期：** 小区50%植株花枝上50%的花开放（35）。

**观测部位：** 花序。

**观测方法：** 测量（MS）植株最长花序长度，测量10个花序，对照标准品种，按表4-29进行分级。如小区内性状表达不一致，应调查其一致性。

**表4-29　花序：长度分级**

| 表达状态 | 极短 | 极短到短 | 短 | 短到中 | 中 | 中到长 | 长 | 长到极长 | 极长 |
|---|---|---|---|---|---|---|---|---|---|
| 代码 | 1 | 2 | 3 | 4 | 5 | 6 | 7 | 8 | 9 |
| 标准品种 | 静夜 | | 青渚莲 | | 花月夜 | | 沙维娜 | | |
| 参考区间（cm） | ≤6 | （6, 10] | （10, 14] | （14, 18] | （18, 22] | （22, 26] | （26, 30] | （30，34] | >34 |
| 参考图片 | | | | | | | | | |

## 性状30　花序：苞片数量

**性状类型：** QN。

**观测时期：** 小区50%植株花枝上50%的花开放（35）。

**观测部位：**花序。

**观测方法：**目测（VG）/测量（MS）植株花序上单位长度内苞片的数量，对照标准品种，按表4-30进行分级。如小区内性状表达不一致，应调查其一致性。

**表4-30　花序：苞片数量分级**

| 表达状态 | 极少 | 少 | 中 | 多 | 极多 |
| --- | --- | --- | --- | --- | --- |
| 代码 | 1 | 2 | 3 | 4 | 5 |
| 标准品种 | | 蒂比 | | 小蓝衣 | 锦晃星 |
| 参考图片 |  |  |  |  |  |

## 性状31　花：开张程度

**性状类型：**PQ。

**观测时期：**小区50%植株花枝上50%的花开放（35）。

**观测部位：**花。

**观测方法：**目测（VG）植株花序上花开张程度，按表4-31进行分级。如小区内性状表达不一致，应调查其一致性。

**表4-31　花：开张程度分级**

| 表达状态 | 弱 | 中 | 强 |
| --- | --- | --- | --- |
| 代码 | 1 | 2 | 3 |
| 参考图片 |  |  |  |

## 性状32　花瓣：外侧主色

**性状类型：**PQ。

**观测时期：** 小区50%植株花枝上50%的花开放（35）。

**观测部位：** 花。

**观测方法：** 目测（VG）植株花序上花的花瓣外侧主色，对照标准品种，按表4-32进行分级。如小区内性状表达不一致，应调查其一致性。

**表4-32　花瓣：外侧主色分级**

| 表达状态 | 白色 | 浅黄色 | 中等黄色 | 橙黄色 |
| --- | --- | --- | --- | --- |
| 代码 | 1 | 2 | 3 | 4 |
| 标准品种 | | | 花月夜 | |
| 参考图片 |  |  | 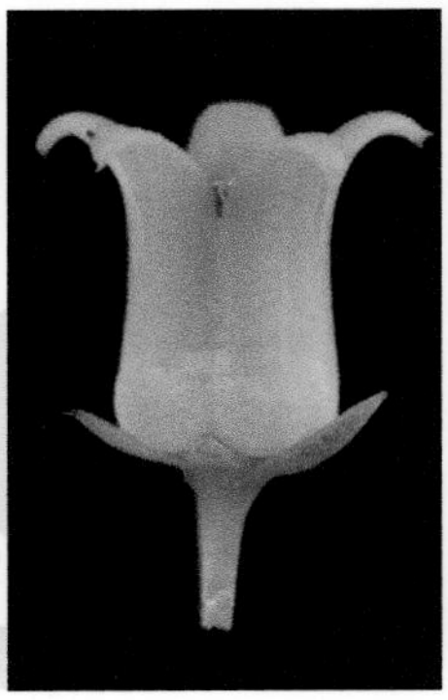 |  |
| 表达状态 | 橙色 | 橙红色 | 浅粉红色 | 中等粉红色 |
| 代码 | 5 | 6 | 7 | 8 |
| 参考图片 |  |  |  |  |

（续表）

| 表达状态 | 深粉红色 | 玫红色 | 红色 | 绿色 |
| --- | --- | --- | --- | --- |
| 代码 | 9 | 10 | 11 | 12 |
| 标准品种 | | | 黑王子 | |
| 参考图片 | | | 暂无图片 | 暂无图片 |

## 性状33　花瓣：外侧次色有无

**性状类型：** QL。

**观测时期：** 小区50%植株花枝上50%的花开放（35）。

**观测部位：** 花。

**观测方法：** 目测（VG）植株花序上花的花瓣外侧次色有无，按表4-33进行分级。如小区内性状表达不一致，应调查其一致性。

**表4-33　花瓣：外侧次色有无分级**

| 表达状态 | 无 | 有 |
| --- | --- | --- |
| 代码 | 1 | 9 |
| 参考图片 | | |

## 性状34　花瓣：先端反卷程度

**性状类型：** QN。

**观测时期：** 小区50%植株花枝上50%的花开放（35）。

**观测部位：**花。

**观测方法：**目测（VG）植株花序上花的花瓣先端反卷程度，按表4-34进行分级。如小区内性状表达不一致，应调查其一致性。

**表4-34　花瓣：先端反卷程度分级**

| 表达状态 | 无或极弱 | 弱 | 中 | 强 | 极强 |
|---|---|---|---|---|---|
| 代码 | 1 | 2 | 3 | 4 | 5 |
| 参考图片 |  |  |  | 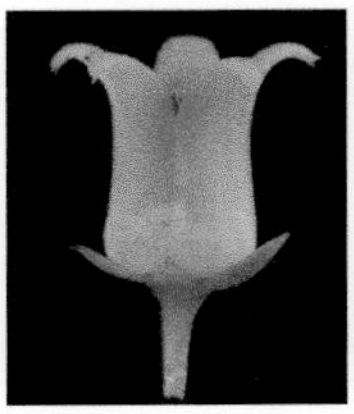 |  |

## 性状35　萼片：类型

**性状类型：**QL。

**观测时期：**小区50%植株花枝上50%的花开放（35）。

**观测部位：**萼片。

**观测方法：**目测（VG）植株花序上花的萼片类型，观察5片萼片长度是否相等，按表4-35进行分级。如小区内性状表达不一致，应调查其一致性。

**表4-35　萼片：类型分级**

| 表达状态 | 等长 | 不等长 |
|---|---|---|
| 代码 | 1 | 2 |
| 参考图片 |  | 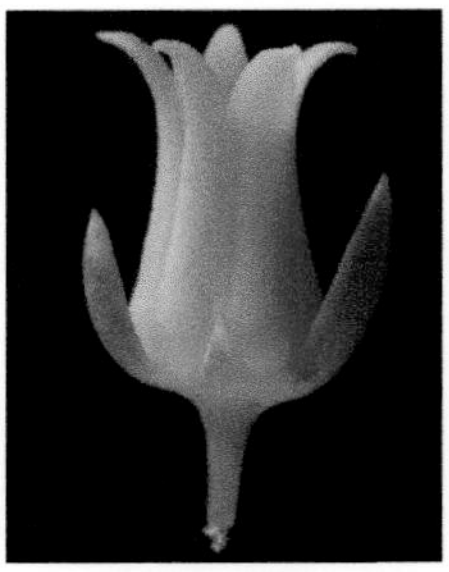 |

## 性状36　萼片：相对于花瓣长度

**性状类型：**QN。

**观测时期：** 小区50%植株花枝上50%的花开放（35）。

**观测部位：** 萼片。

**观测方法：** 目测（VG）植株花序上花的最长萼片相对于花瓣长度，按表4-36进行分级。如小区内性状表达不一致，应调查其一致性。

**表4-36　萼片：相对于花瓣长度分级**

| 表达状态 | 无或极短 | 短 | 中 | 长 | 极长 |
|---|---|---|---|---|---|
| 代码 | 1 | 2 | 3 | 4 | 5 |
| 萼片长度：花瓣长度 | ≤1/3 | （1/3，1/2］ | （1/2，2/3］ | （2/3，1］ | ＞1 |
| 参考图片 | | | | | |

## 性状37　萼片：姿态

**性状类型：** PQ。

**观测时期：** 小区50%植株花枝上50%的花开放（35）。

**观测部位：** 萼片。

**观测方法：** 目测（VG）植株花序上花的萼片姿态，按表4-37进行分级。如小区内性状表达不一致，应调查其一致性。

**表4-37　萼片：姿态分级**

| 表达状态 | 直立 | 半直立 | 平展 | 下弯 |
|---|---|---|---|---|
| 代码 | 1 | 2 | 3 | 4 |
| 参考图片 | | | | |

# 三、图像数据采集

## （一）概述

1. 前言

清晰的图像比文字描述更能形象地展示品种性状，能准确地记录植物品种的形态特征、生长状态、品种特征特性和DUS信息，佐证DUS测试结果，真实反映田间异常情况，是判定植物品种是否有特异性、一致性和稳定性的重要依据。同时通过建立植物品种图像数据库，为近似品种筛选提供直观的参考。

为规范拟石莲属植物品种DUS测试中照片拍摄，保证照片质量，提高品种权申请实质审查的准确性和构建已知品种数据库的完整性，根据农业农村部行业标准《植物品种特异性、一致性和稳定性测试指南　拟石莲属》和《DUS测试照片拍摄技术规范编写指南》要求，制定本拍摄规范。

本规范规定了拟石莲属DUS测试性状拍摄的总体原则和具体技术要求，在实际拍摄中应结合拟石莲属DUS测试指南中对性状的具体描述和分级标准使用。

2. 基本要求

拟石莲属植物品种DUS测试性状照片应能客观、准确、清楚地反映拟石莲属待测品种的DUS测试性状以及已知品种的主要植物学特征特性，拍摄部位明确、构图合理、图像真实清晰、色彩自然、背景适当，照片中的拍摄主题不得使用任何图象处理软件进行修饰。

根据构建拟石莲属已知品种数据库的需要，在开展拟石莲属DUS测试期间，每个测试品种应拍摄并最终提供6张主要形态特性照片，即植株、植株正面、植株侧面、叶片、花序、小花。

3. 拍摄器材

数码相机及镜头：数码单反相机（分辨率：2 144 × 1 424以上），标准变焦镜头、微距镜头。

配件及辅助工具：存储卡、遮光罩、外接闪光灯、快门线、三脚架、翻拍架、拍摄台、柔光箱、柔光伞、测光板、背景支架、背景布、背景纸、刻度尺、大头针等。

4. 照片格式与质量

（1）照片构成与拍摄构图：应包括拍摄的性状部位、品种标签、刻度尺、背景等几部分。根据拍摄的代表性样本长度、宽度，应放置合适的刻度尺，拍摄背景应使用专业背景布或背景纸，背景颜色以灰色或黑色为主，拍摄主体的取样部位按照例图所示。拍摄构图时，一般采用横向构图方式，植株等性状以竖拍为宜。

（2）照片平面布局：对于性状对比照片，除因生长周期不一致外，应尽可能将申请品种与近似品种并列拍摄于同一张照片内，一张照片可以同时反映多个测试性状。待测品种置于照片左侧、近似品种置于右侧，或待测品种置于照片上部、近似品种置于下部，将拍摄主体安排在画面的黄金分割线上，按照植株和器官的自然生长方向布置。对于数据库照片，拍摄主体只有一个品种，一张照片可以同时反映多个特征特性，进行组合拍摄，平面布局要协调、合理，拍摄主体分布于平面中部的1/3处。

（3）品种标签：采用手写标签，进行电脑后期制作。标签内容为待测品种、近似品种测试编号或品种名称。标签放置于拍摄主体的下部或两侧，一张照片中标签的大小要求统一且与拍摄主体的比例协调，字体为宋体加粗。

（4）光线：对于表达形状、姿态、大小、宽窄等性状，尽量选择在柔和的自然光下进行拍摄（室内外均可），对于表达颜色类性状应在室内固定光源（5 000 K）下拍摄。

（5）照片名称及存储格式：拟石莲属DUS测试性状照片均按统一格式命名，采用jpg.格式存储，提交测试报告使用的照片须洗印成5英寸（12.7 cm × 8.9 cm）（3R）彩色照片。

（6）照片档案：每个申请品种需建立测试照片电子档案，照片应包括照片名称、测试编号、品种名称、部位简称、图片类型、拍摄地点、拍摄时间等。

## （二）已知品种数据库照片拍摄

1. 植株

**拍摄时期：**适用于开花品种，小区50%植株花枝上50%的花开放（35）。

**拍摄地点：**摄影室。

**拍摄前准备：**根据观测值选取典型的植株，带盆，左边附上刻度尺，附上品种标签，进行拍摄。

**拍摄背景：**灰色背景。

**拍摄背景：**能清晰反映品种开花情况、花序数量等（图4-3）。

**图4-3　植株拍摄**

拍摄技术要求如下。

a. 分辨率：2 144 × 1 424以上；

b. 光线：充足柔和的固定光；

c. 拍摄角度：水平拍摄；

d. 拍摄模式：光圈优先（A模式）；

e. 白平衡：手动（5 000 K）；

f. 相机固定方式：三脚架/手持。

2. 适用于植株有分枝品种：植株正面

**拍摄时期：**从种苗定植后到开始抽花（21）。

**拍摄地点：**摄影室。

**拍摄前准备：**根据观测值选取典型的植株，去掉花盆，修剪掉须根，左边附上刻度尺，附上品种标签，进行拍摄。

**拍摄背景：**灰色背景。

**拍摄要求：**能清晰反映品种植株宽度、分枝数、叶数量等（图4-4）。

拍摄技术要求如下。

a. 分辨率：2 144 × 1 424以上；

b. 光线：充足柔和的固定光；

c. 拍摄角度：垂直拍摄；

d. 拍摄模式：光圈优先（A模式）；

e. 白平衡：手动（5 000 K）；

f. 相机固定方式：翻拍架/手持。

**图4-4 植株有分枝品种正面拍摄**

3. 植株正面

**拍摄时期：**从种苗定植后到开始抽花（21）。

**拍摄地点：**摄影室。

**拍摄前准备：**根据观测值选取典型的植株，若植株有分枝，则选取植株最大分枝，去掉花盆，修剪掉须根，将植株正面朝上，平整地放在背景布上，左边附上刻度尺，附上品种标签，进行拍摄。

**拍摄背景：**灰色背景。

**拍摄要求：**能清晰反映品种植株宽度、叶数量、叶反卷、叶艺、叶斑纹类型、叶蜡粉、叶上表面覆色分布、叶表面疣凸等（图4-5）。

拍摄技术要求如下。

a. 分辨率：2 144 × 1 424以上；

b. 光线：充足柔和的固定光；

c. 拍摄角度：垂直拍摄；

d. 拍摄模式：光圈优先（A模式）；

e. 白平衡：手动（5 000 K）；

f. 相机固定方式：翻拍架/手持。

**图4-5　植株正面拍摄**

4. 植株侧面

**拍摄时期：**从种苗定植后到开始抽花（21）。

**拍摄地点：**摄影室。

**拍摄前准备：**根据观测值选取典型的植株，若植株有分枝，则选取植株最大分枝，去掉花盆，修剪掉须根，将植株侧面平整地放在背景布上，左边附上刻度尺，附上品种标签，进行拍摄。

**拍摄背景：**灰色背景。

**拍摄要求：**能清晰反映品种植株高度、叶下表面覆色分布等（图4-6）。

拍摄技术要求如下。

a. 分辨率：2 144 × 1 424以上；

b. 光线：充足柔和的固定光；

c. 拍摄角度：垂直拍摄；

d. 拍摄模式：光圈优先（A模式）；

e. 白平衡：手动（5 000 K）；

f. 相机固定方式：翻拍架/手持。

图4-6 植株侧面拍摄

5. 叶片

**拍摄时期：**从种苗定植后到开始抽花（21）。

**拍摄地点：**摄影室。

**拍摄前准备：**根据观测值选取试验小区内具代表性的叶片，将叶片平整地放在背景布（背景纸）上，左边附上刻度尺，附上品种标签，进行拍摄。

**拍摄背景：**灰色背景。

**拍摄要求：**能清晰反映品种叶长度、叶宽度、叶基部宽度、叶厚度、叶形状、叶先端形状、叶突尖长度、叶艺颜色、叶艺位置、叶毛密度、叶毛长度、叶上表面底色、叶覆色颜色、叶边缘波状程度、叶疣凸大小等（图4-7）。

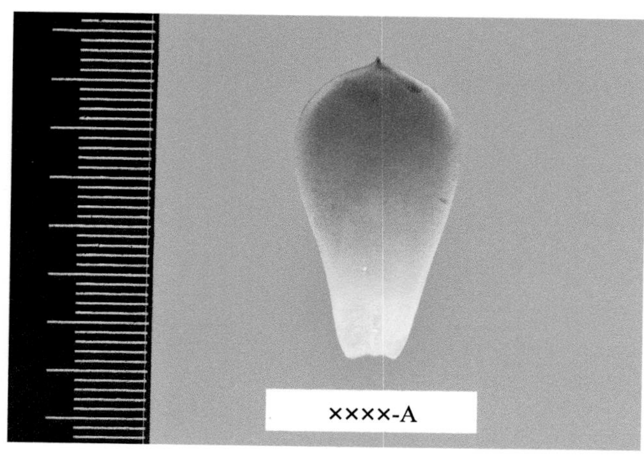


图4-7 叶片拍摄

拍摄技术要求如下。

a. 分辨率：2 144 × 1 424以上；

b. 光线：充足柔和的固定光；

c. 拍摄角度：垂直拍摄；

d. 拍摄模式：光圈优先（A模式）；

e. 白平衡：手动（5 000 K）；

f. 相机固定方式：翻拍架/手持。

6. 花序

**拍摄时期：**适用于开花品种，小区50%植株花枝上50%的花开放（35）。

**拍摄地点与时间：**摄影室，上午9：00以前。

**拍摄前准备：**根据观测值选取试验小区内具代表性的花序3个，将花序平整地放在背景布（背景纸）上，基部保持同一水平，左边附上刻度尺，附上品种标签，进行拍摄。

**拍摄背景：**灰色背景。

**拍摄要求：**能清晰反映品种花序性状特点，如花序花数量、花序长度、花序苞片的数量等（图4-8）。

拍摄技术要求如下。

a. 分辨率：2 144 × 1 424以上；

b. 光线：充足柔和的固定光；

c. 拍摄角度：垂直拍摄；

d. 拍摄模式：光圈优先（A模式）；

e. 白平衡：手动（5 000 K）；

f. 相机固定方式：翻拍架/手持。

**图4-8　花序拍摄**

7. 小花

**拍摄时期：**适用于开花品种，小区50%植株花枝上50%的花开放（35）。

**拍摄地点与时间：**摄影室，上午10：00以前。

**拍摄前准备：**根据观测值选取试验小区内具代表性的小花2朵，将小花平整地放在背景布（背景纸）上，左边附上刻度尺，同时基部保持同一水平，附上品种标签，进行拍摄。

**拍摄背景：**灰色背景。

**拍摄要求：**能清晰反映品种小花性状特点，如花开张程度、花瓣外侧主色、花瓣外侧次色有无、花瓣先端反卷程度、萼片类型、萼片相对于花瓣长度、萼片姿态等（图4-9）。

拍摄技术要求如下。

a. 分辨率：2 144 × 1 424以上；

b. 光线：充足柔和的固定光；

c. 拍摄角度：垂直向下拍摄；

d. 拍摄镜头：微距镜头；

e. 拍摄模式：光圈优先（A模式）；

f. 白平衡：手动（5 000 K）；

g. 相机固定方式：翻拍架/手持。

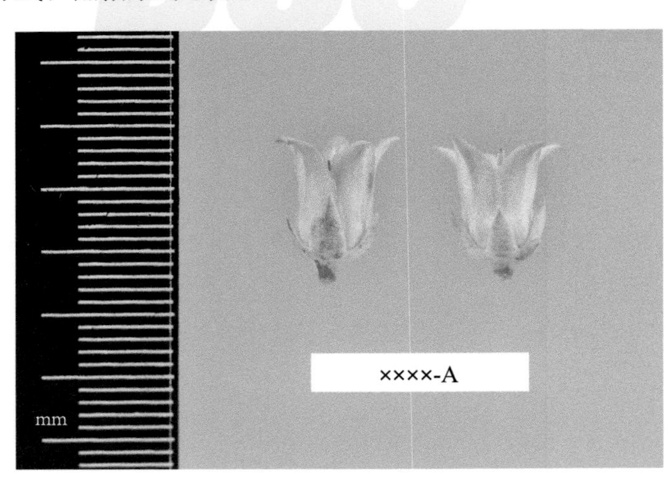


**图4-9 小花拍摄**

## （三）性状对比照片拍摄

性状3 植株：分枝数

**拍摄时期：**从种苗定植后到开始抽花（21）。

**拍摄地点：**摄影室。

**拍摄前准备：**根据观测值选取典型的植株，去掉花盆，修剪掉须根，左边附上刻度尺，附上品种标签，进行对比拍摄（图4-10）。

**拍摄背景：**灰色背景。

拍摄技术要求如下。

a. 分辨率：2 144 × 1 424以上；

b. 光线：充足柔和的固定光；

c. 拍摄角度：垂直向下拍摄；

d. 拍摄模式：光圈优先（A模式）；

e. 白平衡：手动（5 000 K）；

f. 相机固定方式：翻拍架/手持。

**图4-10 植株：分枝数对比**

性状2/4/11/13/14/15/17/18/21/22/23/25/26 植株：宽度/植株：叶数量/叶：突尖长度/叶：反卷/叶：叶艺/仅适用于有叶艺品种 叶：叶艺颜色/叶：斑纹类型/叶：蜡粉/叶：上表面底色/叶：覆色颜色/叶：上表面覆色分布/叶：表面疣凸/仅适用于叶表面有疣凸的品种 叶：表面疣凸

**拍摄时期：**从种苗定植后到开始抽花（21）。

**拍摄地点：**摄影室。

**拍摄前准备：**根据观测值选取典型的植株，若植株有分枝，则选取植株最大分枝，去掉花盆，修剪掉须根，将植株正面朝上，平整地放在背景布上，左边附上刻度尺，附上品种标签，进行对比拍摄（图4-11）。

**拍摄背景：**灰色背景。

拍摄技术要求如下。

a. 分辨率：2 144 × 1 424以上；

b. 光线：充足柔和的自然光；

c. 拍摄角度：垂直拍摄；

d. 拍摄模式：光圈优先（A模式）；

e. 白平衡：手动（5 000 K）；

f. 相机固定方式：翻拍架/手持。

**图4-11　植株性状对比**

性状5/6/7/9/10/11/16/19/20/24　叶：长度/叶：宽度/叶：基部宽度/叶：形状/叶：先端形状/叶：突尖长度/仅适用于有叶艺品种　叶：叶艺位置/仅适用于有毛品种　叶：毛密度/仅适用于有毛品种　叶：毛长度/叶：边缘波状程度

**拍摄时期：**从种苗定植后到开始抽花（21）。

**拍摄地点：**摄影室。

**拍摄前准备：**根据观测值选取试验小区内具代表性的叶片，将叶片平整地放在背景布（背景纸）上，同时基部保持同一水平，左边附上刻度尺，附上品种标签，进行对比拍摄（图4-12）。

**拍摄背景：**灰色背景。

拍摄技术要求如下。

a. 分辨率：2 144 × 1 424以上；

b. 光线：充足柔和的固定光；

c. 拍摄角度：垂直拍摄；

d. 拍摄模式：光圈优先（A模式）；

e. 白平衡：手动（5 000 K）；

f. 相机固定方式：翻拍架/手持。

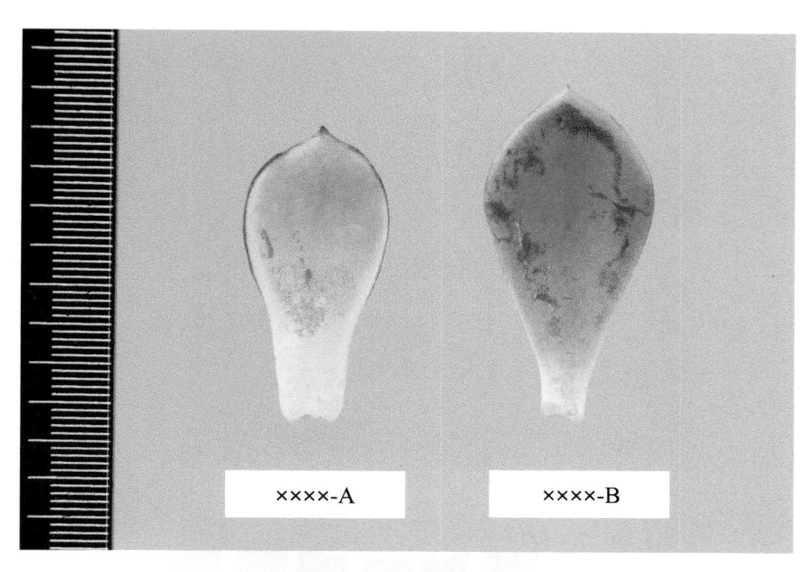


图4-12　叶性状对比

性状8/12　叶：厚度/叶：横截面形状

**拍摄时期：**从种苗定植后到开始抽花（21）。

**拍摄地点：**摄影室。

**拍摄前准备：**根据观测值选取试验小区内具代表性的叶片，从中间切开，截取横截面，将叶片横截面平整地放在背景布（背景纸）上，左边附上刻度尺，附上品种标签，进行对比拍摄（图4-13）。

**拍摄背景：**灰色背景。

拍摄技术要求如下。

a. 分辨率：2 144 × 1 424以上；

b. 光线：充足柔和的固定光；

c. 拍摄角度：垂直向下拍摄；

d. 拍摄镜头：微距镜头；

e. 拍摄模式：光圈优先（A模式）；

f. 白平衡：手动（5 000 K）；

g. 相机固定方式：翻拍架/手持。

**图4-13　叶厚度和叶横截面形状对比**

性状28/29/30　花序：花数量/花序：长度/花序：苞片的数量

**拍摄时期：**适用于开花品种，小区50%植株花枝上50%的花开放（35）。

**拍摄地点：**摄影室。

**拍摄前准备：**根据观测值选取试验小区内具代表性的花序，将花序平整地放在背景布（背景纸）上，基部保持同一水平，左边附上刻度尺，附上品种标签，进行对比拍摄（图4-14）。

**拍摄背景：**灰色背景。

拍摄技术要求如下。

a. 分辨率：2 144 × 1 424以上；

b. 光线：充足柔和的固定光；

c. 拍摄角度：垂直向下拍摄；

**图4-14　花序性状对比**

d. 拍摄模式：光圈优先（A模式）；

e. 白平衡：手动（5 000 K）；

f. 相机固定方式：翻拍架/手持。

性状31/32/33/34/35/36/37　花：开张程度/花瓣：外侧主色/花瓣：外侧次色有无/花瓣：先端反卷程度/萼片：类型/萼片：相对于花瓣长度/萼片：姿态

**拍摄时期：**适用于开花品种：小区50%植株花枝上50%的花开放（35）。

**拍摄地点：**摄影室。

**拍摄前准备：**根据观测值选取试验小区内具代表性的小花，将小花平整地放在背景布（背景纸）上，基部保持同一水平，左边附上刻度尺，附上品种标签，进行对比拍摄（图4-15）。

**拍摄背景：**灰色背景。

拍摄技术要求如下。

a. 分辨率：2 144 × 1 424以上；

b. 光线：充足柔和的固定光；

c. 拍摄角度：垂直向下拍摄；

d. 拍摄镜头：微距镜头；

e. 拍摄模式：光圈优先（A模式）；

f. 白平衡：手动（5 000 K）；

g. 相机固定方式：翻拍架/手持。

**图4-15　花性状对比**

## （四）一致性不合格照片拍摄

对于一致性不合格照片的拍摄，可将典型表达状态与非典型表达状态并列拍摄于同一张照片中，具体拍摄参数参考特异性照片采集细则，效果见图4-16；当非典型表达状态不便于放背景布/纸拍摄时，可参考品种描述照片采集细则，对典型表达状态、非典型表达状态进行田间拍摄，效果图见图4-17。

图4-16 一致性不合格样本的拍摄（一）

图4-17 一致性不合格样本的拍摄（二）

第五部分

# 拟石莲属植物品种DUS测试中附加性状的选择与应用

# 一、前言

立足国家种业的发展，拟石莲属等特色植物的研究备受关注，近年来拟石莲属育种水平不断提升，拟石莲属资源日益丰富。随着市场对拟石莲属功能性产品的开放利用，育种家加大了拟石莲属功能性品种培育的力度，如观赏型品种、药用型品种、饲用型品种等。随着全球环境条件的改变，极端异常气候的增加，土壤环境的恶化，抗逆性品种的培育日益加强。鉴于此，拟石莲属植物品种DUS测试的性状将不局限于目前测试指南中列出的性状，可能涉及甲醇提取物含量等功能成分以及耐热性、耐寒性等。

本规程前三部分内容对测试指南中列出的基本性状和选测性状（基于研制阶段的资源和育种水平）的操作细节进行了详细规范，本部分主要是对未列入指南中的性状（即附加性状）的选择和应用的总体原则和相关要求给予规范和指导。

# 二、基本要求

当DUS测试指南中的性状无法满足对拟石莲属植物品种的描述，或无法充分体现某个或某类拟石莲属品种与其他已知品种的区别时，可考虑附加性状的选择和应用。

附加性状可以是形态性状（如叶斑、倍性、育性等），也可以是化学组分、组合性状等，随着研究水平的提高，也可以是分子性状等新型性状。

附加性状也需满足TG/1/3中对DUS测试性状的选择标准，达到以下6个基本条件。

（1）是特定的基因型或者基因型组合的结果。植物的性状表达是由遗传因素和环境因素共同作用的结果，而遗传因素（特定的基因型或基因型组合）对性状的表达具有决定性的作用。因此，该因素是附加性状应用时应考虑的首要条件。

（2）在特定环境条件下是充分一致的和可重复的。在环境条件绝对可控的条件下，由特定基因型或基因型组合所决定的性状表达通常是一致的且可重复的。因此，附加性状应用时应考虑其在特定的应用条件下能达到该要求。

（3）在品种间表现出足够的差异，能够用于确定特异性。性状的表达在品种间应具备多态性，能够区分品种。应用附加性状的目的是有效地区分品种，能够充分体现新培育品种的特异性，所以，该要素是衡量标准的条件之一。

（4）能够准确描述和识别。性状是品种描述和定义的依据，无论采用何种描述手段，都需要对每个被描述品种给予清晰的界定，通过描述，能够给品种形成一个科学合理的定义，能够有效地识别和区分品种。如果描述方式模糊，描述结果无法识别，定义和区分品种就无从谈起。

（5）能够满足一致性要求。品种内一致性的水平是由品种的繁殖特性和育种水平等因素所决定的。在当前，某些性状在品种内表现很不一致，很难达到一致性的要求，但随着育种水平的提高，新类型品种的创新，某些性状的表达在品种内能够满足一致性要求，可作为该类型品种描述和DUS测试的附加性状。

（6）能够满足稳定性要求。该要素是指经过重复繁殖或者在每一个繁殖周期结束后，该性状的表达是一致的和可重复的。无论是哪种类型的附加性状，都必须考虑其表达结果的可再现性。

## 三、附加性状的选择与应用

### （一）形态性状

随着科技的发展，拟石莲属育种目标的升级，附加性状的类型是多样的，对于形态性状，只要满足上述基本要求即可。

拟石莲属的形态结构见图5-1至图5-3。

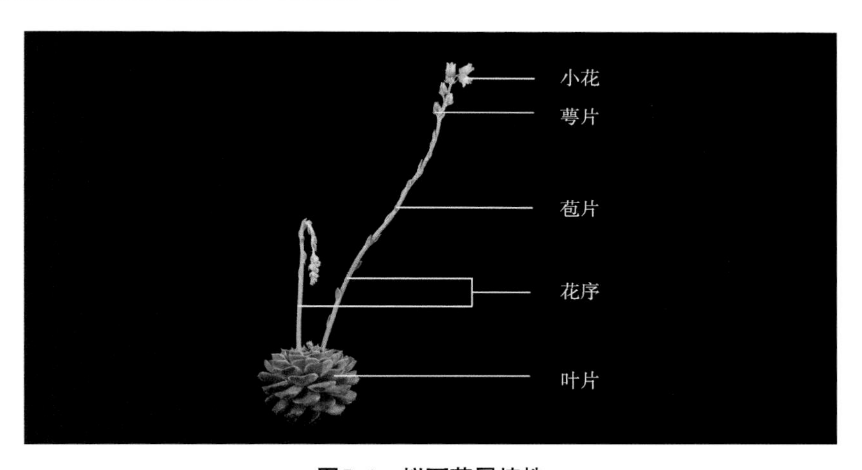


图5-1　拟石莲属植株

图5-2　拟石莲属小花

**图5-3　拟石莲属花序**

因拟石莲属育种常与厚叶草属（*Pachyphytum* Link. Klotzsch & Otto）、景天属（*Sedum* L.）进行属间杂交，部分性状因育种水平和资源所限，暂未列入目前的测试指南中，将来可能成为附加性状，具体实例如下。

**1. 植株：姿态**

直立（1），半直立（2），平展（3），下弯（4），其描述参考见表5-1。

**表5-1　植株：姿态分级**

| 表达状态 | 直立 | 半直立 | 平展 | 下弯 |
|---|---|---|---|---|
| 代码 | 1 | 2 | 3 | 4 |
| 参考图片 |  |  |  |  |

**2. 植株：叶片排列类型**

莲座型（1），规则型（2），其描述参考见表5-2。

表5-2　植株：叶片排列类型分级

| 表达状态 | 莲座型 | 规则型 |
|---|---|---|
| 代码 | 1 | 2 |
| 参考图片 |  |  |

3. 植株：缀化

无（1），有（9），其描述参考见表5-3。

表5-3　植株：缀化分级

| 表达状态 | 无 | 有 |
|---|---|---|
| 代码 | 1 | 9 |
| 参考图片 |  |  |

4. 植株：暗纹

无（1），有（9），其描述参考见表5-4。

**表5-4　植株：暗纹分级**

| 表达状态 | 无 | 有 | |
|---|---|---|---|
| 代码 | 1 | 9 | |
| 参考图片 |  | | |

## 5. 叶：冰边

无（1），有（9），其描述参考见表5-5。

**表5-5　叶：冰边分级**

| 表达状态 | 无 | 有 |
|---|---|---|
| 代码 | 1 | 9 |
| 参考图片 | | |

## 6. 叶：冰边位置

叶片两侧（1），全缘（2），其描述参考见表5-6。

表5-6　叶：冰边位置分级

| 表达状态 | 叶片两侧 | 全缘 |
| --- | --- | --- |
| 代码 | 1 | 2 |
| 参考图片 | 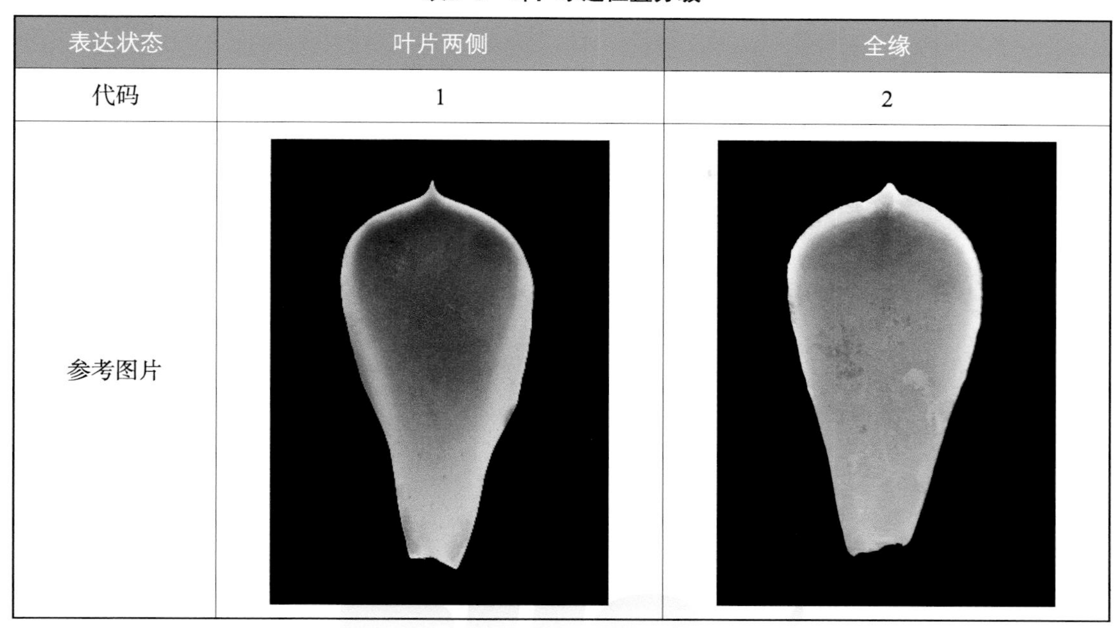 | |

7. 叶：筒状

无（1），有（9），其描述参考见表5-7。

表5-7　叶：筒状分级

| 表达状态 | 无 | 有 |
| --- | --- | --- |
| 代码 | 1 | 9 |
| 参考图片 | | |

8. 叶：棱

无（1），有（9），其描述参考见表5-8。

**表5-8　叶：棱分级**

| 表达状态 | 无 | 有 |
| --- | --- | --- |
| 代码 | 1 | 9 |
| 参考图片 | 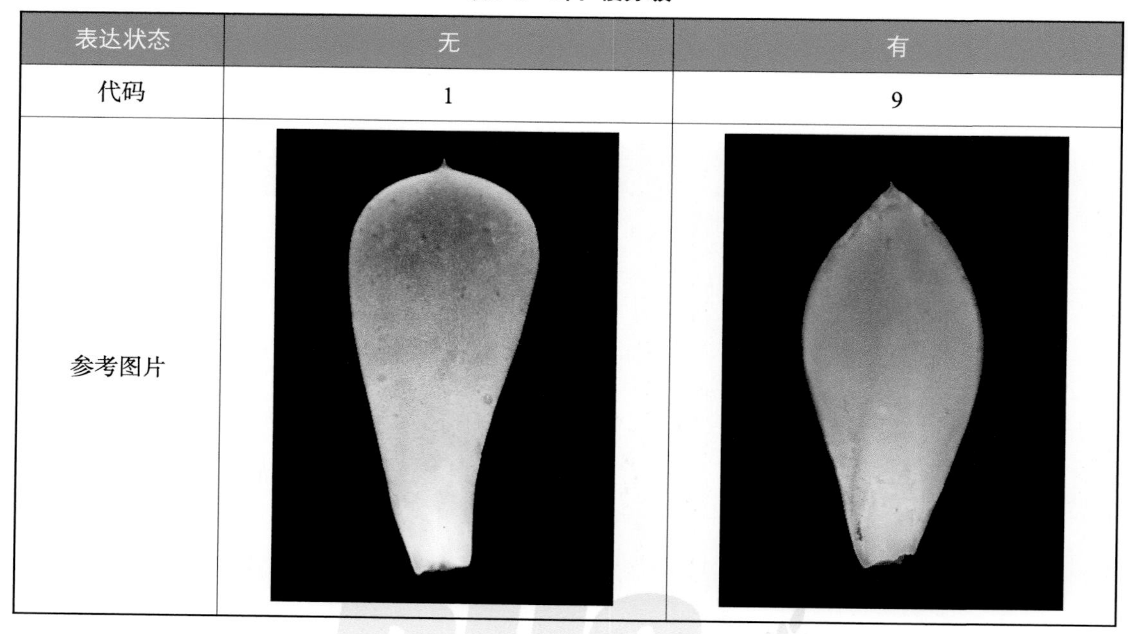 | |

## 9. 叶：棱位置

中间（1），两侧（2），其描述参考见表5-9。

**表5-9　叶：棱位置分级**

| 表达状态 | 中间 | 两侧 |
| --- | --- | --- |
| 代码 | 1 | 2 |
| 参考图片 | 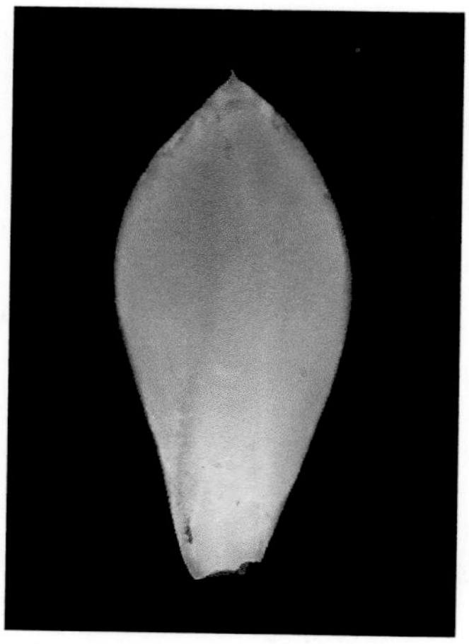 | 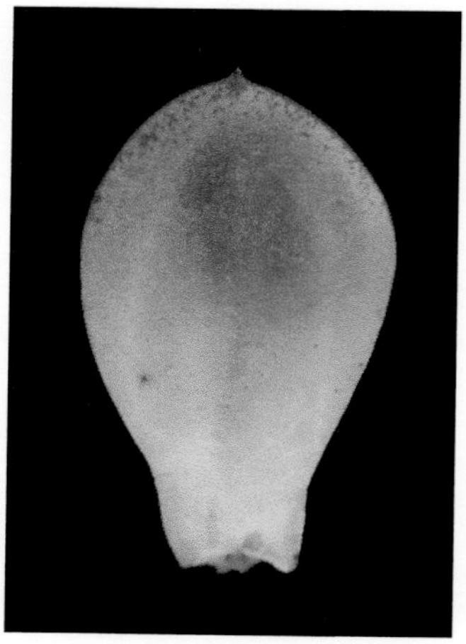 |

## 10. 仅适用于叶边缘波状品种　叶：边缘波状位置

上部（1），中部（2），全缘（3），其描述参考见表5-10。

表5-10　仅适用于叶边缘波状品种　叶：边缘波状位置分级

| 表达状态 | 上部 | 中部 | 全缘 |
| --- | --- | --- | --- |
| 代码 | 1 | 2 | 3 |
| 参考图片 | | | |

## 11. 叶：边缘缺刻

无（1），有（9），其描述参考见表5-11。

表5-11　叶：边缘缺刻分级

| 表达状态 | 无 | 有 |
| --- | --- | --- |
| 代码 | 1 | 9 |
| 参考图片 | | |

12. 仅适用于叶覆色分布为叶缘品种　叶：叶缘覆色类型

线条（1），晕色（2），线条和晕色（3），其描述参考见表5-12。

**表5-12　仅适用于叶覆色分布为叶缘品种　叶：叶缘覆色类型分级**

| 表达状态 | 线条 | 晕色 | 线条和晕色 |
| --- | --- | --- | --- |
| 代码 | 1 | 2 | 3 |
| 参考图片 | 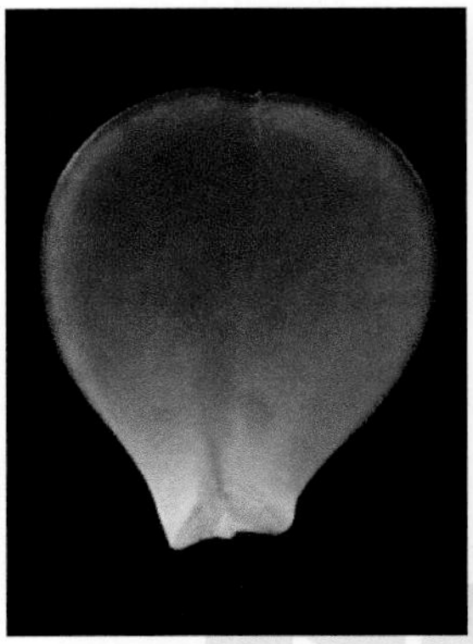 | 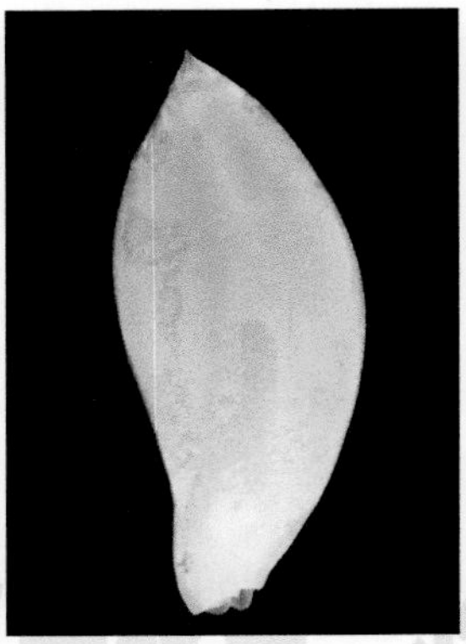 | 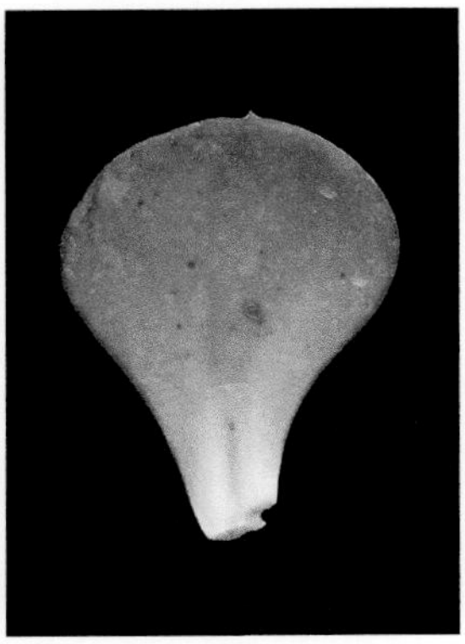 |

13. 叶：下表面斑纹类型

斑点状（1），网状（2），其描述参考见表5-13。

**表5-13　叶：下表面斑纹类型分级**

| 表达状态 | 斑点状 | 网状 |
| --- | --- | --- |
| 代码 | 1 | 2 |
| 参考图片 |  |  |

14. 叶：顶端白点

无（1），有（9），其描述参考见表5-14。

**表5-14　叶：顶端白点分级**

| 表达状态 | 无 | 有 |
|---|---|---|
| 代码 | 1 | 9 |
| 参考图片 | 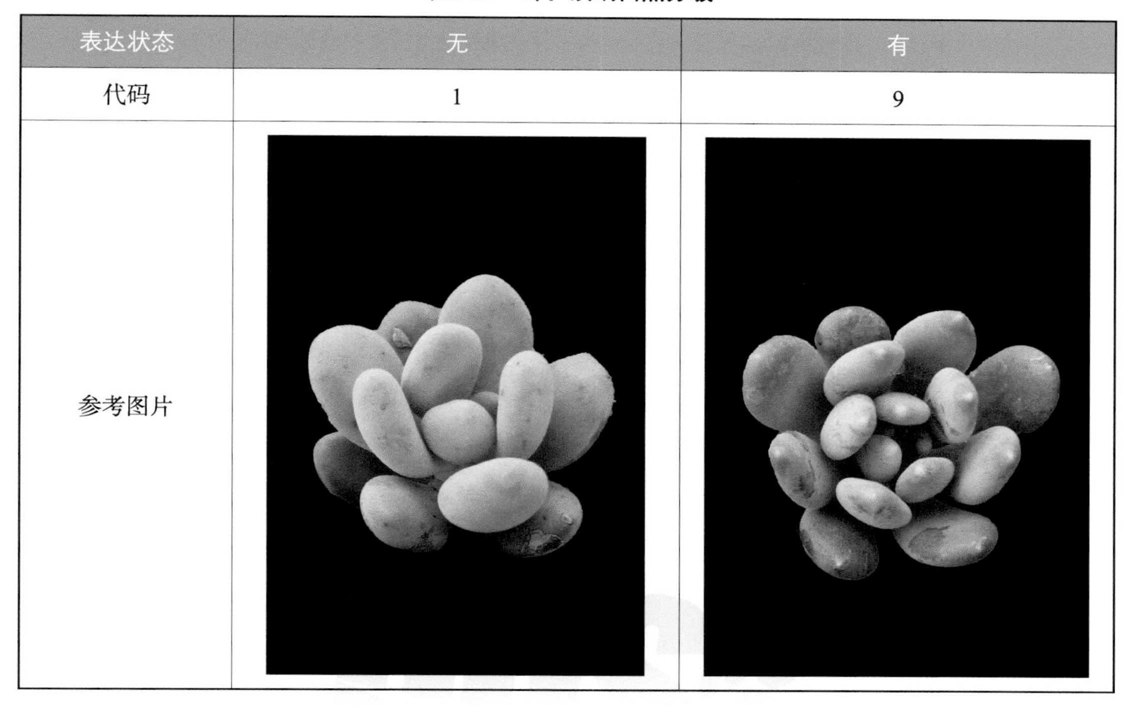 | |

## 15. 叶：中间修饰线

无（1），有（9），其描述参考见表5-15。

**表5-15　叶：中间修饰线分级**

| 表达状态 | 无 | 有 |
|---|---|---|
| 代码 | 1 | 9 |
| 参考图片 | | |

16. 花序：类型

聚伞花序（1），伞房花序（2），圆锥花序（3），其描述参考见表5-16。

**表5-16　花序：类型分级**

| 表达状态 | 聚伞花序 | | |
| --- | --- | --- | --- |
| 代码 | 1 | | |
| 参考图片 |  | 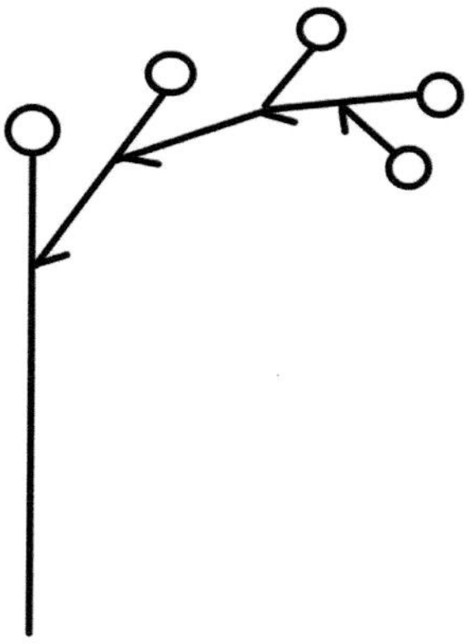 |  |
| |  |  |  |

（续表）

| 表达状态 | 伞房花序 | 圆锥花序 | 总状花序 |
| --- | --- | --- | --- |
| 代码 | 2 | 3 | 4 |
| 参考图片 | 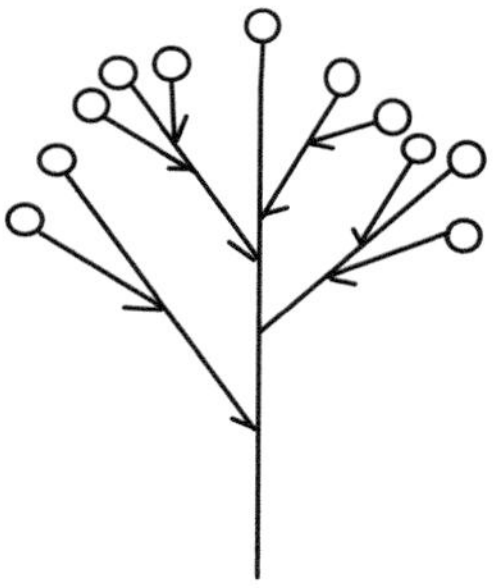 | 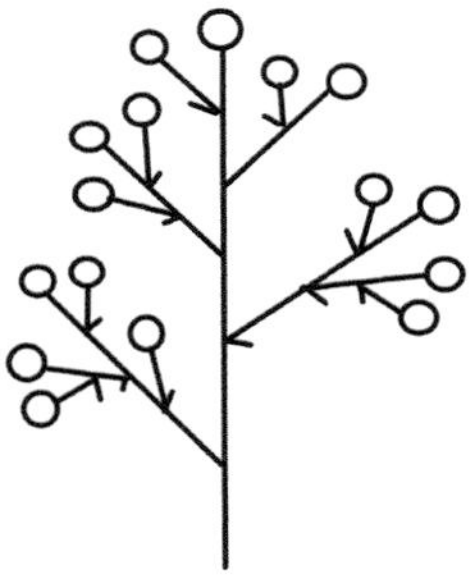 | 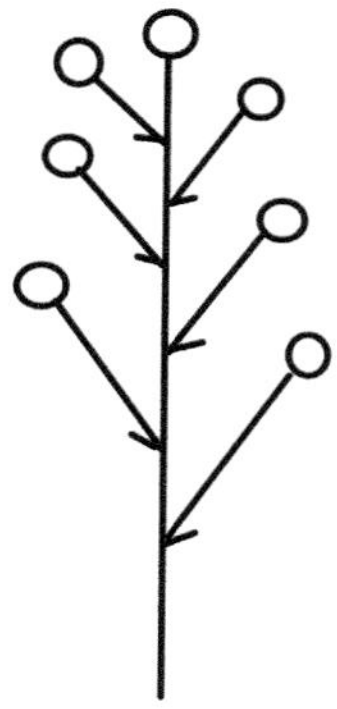 |
| | 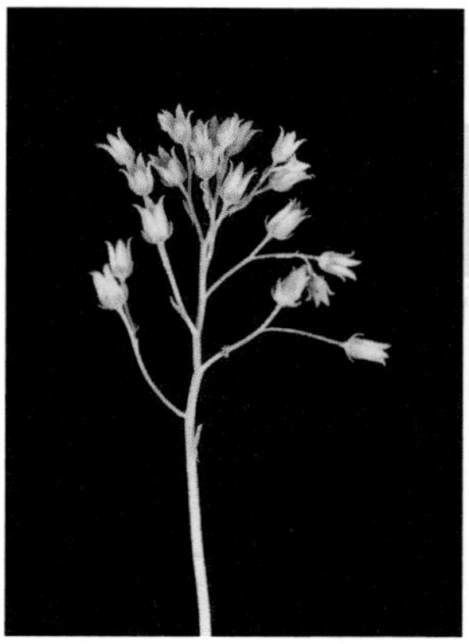 | 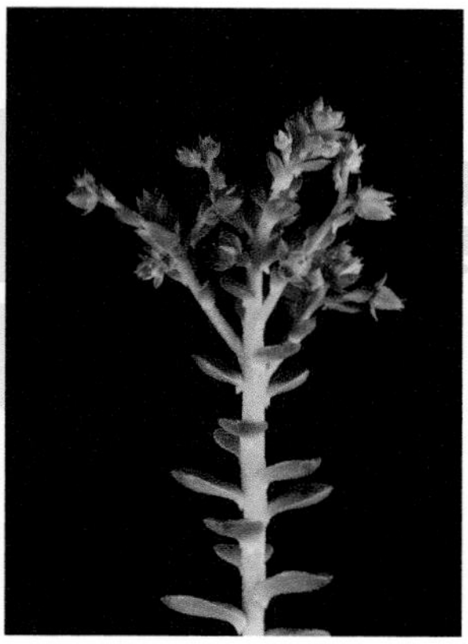 | 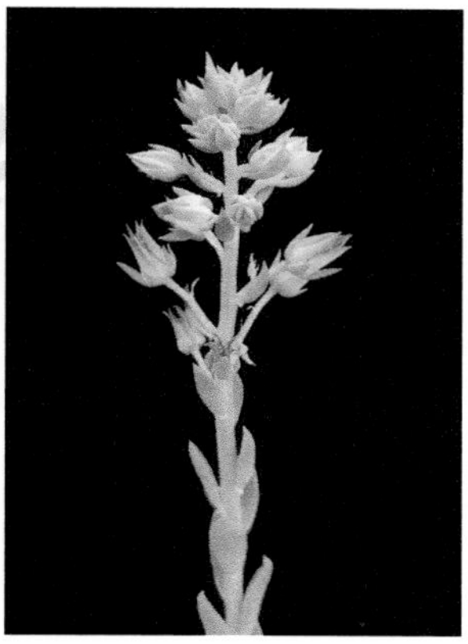 |
| 表达状态 | 伞状花序 | | |
| 代码 | 5 | | |
| 参考图片 | 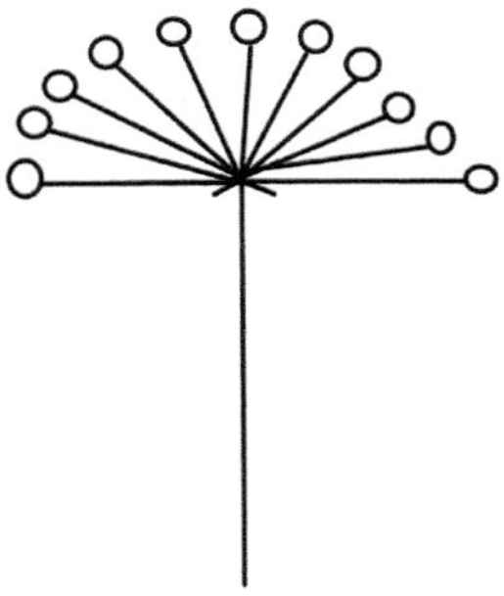 | 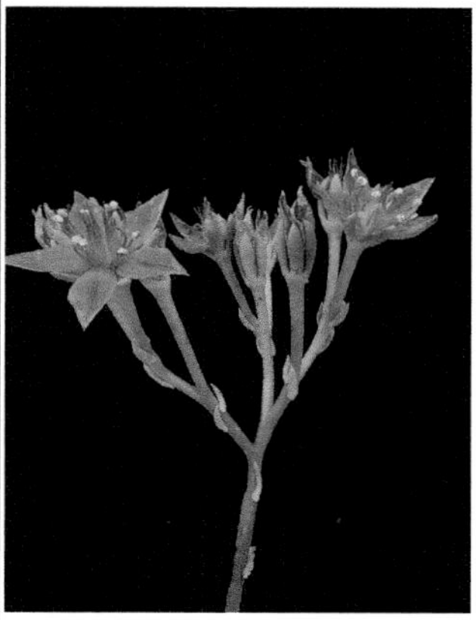 | |

17. 苞片：姿态

直立（1），半直立（2），平展（3），其描述参考见表5-17。

表5-17　苞片：姿态分级

| 表达状态 | 直立 | 半直立 | 平展 |
|---|---|---|---|
| 代码 | 1 | 2 | 3 |
| 参考图片 |   |   |   |

18. 小花：花瓣类型

片状（1），筒状（2），其描述参考见表5-18。

表5-18　小花：花瓣类型分级

| 表达状态 | 片状 | 筒状 |
|---|---|---|
| 代码 | 1 | 2 |
| 参考图片 |   |   |

19. 花粉：活力

极低（1），低（2），中（3），高（4），极高（5），其描述参考见表5-19。

表5-19 花粉：活力分级

| 表达状态 | 极低 | 低 | 中 | 高 | 极高 |
|---|---|---|---|---|---|
| 代码 | 1 | 2 | 3 | 4 | 5 |
| 参考活力值分级（%） | ≤20 | （20，33] | （33，66] | （66，85] | （85，100] |

参考观测方法，综合2个方法结果判定花粉活力。一是亚历山大染色法，操作步骤如下。

（1）染色。用酒精擦拭后的镊子夹取新鲜的花粉置于离心管中，向离心管中滴加3～4滴亚历山大染液（Alexander stain），常温下静置培养5 h。

（2）制片。用移液枪反复吸打离心管中的花粉溶液8～10次，使花粉在溶液中散开，花粉与染液充分混合均匀，再吸取1～2滴混合液置于载玻片上，盖上盖玻片后置于显微镜下观察，每个材料均制作3个玻片，即3个重复。

（3）观察和计算方法。每个载玻片下选择5个视野进行观察，花粉总数大于100粒即可，计算每个视野有活力的花粉粒数占总花粉粒数的百分率，结果取平均值。

花粉活力＝（染色的花粉数 / 花粉粒总数）×100%

二是离体培养法，操作步骤如下。

（1）培养液配制。培养液为10%蔗糖+0.5%琼脂。

（2）制片。用消过毒的镊子将花粉轻轻剥落在滴有培养液的载玻片上，小枪头反复吸打将花粉粒均匀散开，然后盖上盖玻片。

（3）培养。将制好的玻片放入铺有湿润滤纸的培养皿中，置于20℃的恒温培养箱中进行暗光培养9 h，每个处理均制作3个玻片，即3个重复。

（4）观察和计算方法。每个载玻片随机选取3个视野（每个视野花粉不少于30粒），统计每个视野花粉粒总数和萌发的花粉数，花粉萌发以花粉管长度大于花粉直径为标准。计算离体花粉萌发率，结果取平均值。

离体花粉萌发率=（萌发的花粉数/花粉粒总数）×100%

20. 植株：耐寒性

极低（1），低（2），中（3），高（4），极高（5），其描述参考见表5-20。

表5-20 植株：耐寒性分级

| 表达状态 | 极低 | 低 | 中 | 高 | 极高 |
|---|---|---|---|---|---|
| 代码 | 1 | 2 | 3 | 4 | 5 |
| 标准品种 |  | 大瑞蝶 | 花月夜 | 大和锦 | 杜里万莲 |

参考观测方法：冬季（11月至翌年1月），日最高温<10℃以下时，根据出现冻斑情况及植株生长表现对植株耐寒性进行分级（表5-21）。

**表5-21　植株耐寒性分级标准**

| 耐寒性分级代码 | 耐寒性 | 分级标准 |
|---|---|---|
| 1 | 极低 | 植株全株死亡，叶片完全冻伤 |
| 2 | 低 | 植株部分死亡，叶片有大面积伤斑，严重影响观赏性 |
| 3 | 中 | 植株出现部分伤斑，影响观赏性，但后续尚能恢复生长 |
| 4 | 高 | 植株出现少量伤斑，对总体观赏性和长势影响不大 |
| 5 | 极高 | 植株无死亡，叶片无伤斑，全株正常生长 |

21. 植株：耐热性

极低（1），低（2），中（3），高（4），极高（5），其描述参考见表5-22。

**表5-22　植株：耐热性分级**

| 表达状态 | 极低 | 低 | 中 | 高 | 极高 |
|---|---|---|---|---|---|
| 代码 | 1 | 2 | 3 | 4 | 5 |
| 标准品种 |  | 静夜 | 冰玉 | 厚叶月影 | 黑王子 |

参考观测方法：夏季（5—7月），日最高温>30℃以上时，根据出现茎腐病情况及植株生长表现对植株耐热性进行分级（表5-23）。

**表5-23　植株耐热性分级标准**

| 耐热性分级代码 | 耐热性 | 分级标准 |
|---|---|---|
| 1 | 极低 | 植株叶片脱落2/3以上，或出现黑腐病等严重病害 |
| 2 | 低 | 植株叶片脱落1/2～2/3，或叶片、茎秆以及茎叶交接处出现变软发黑现象 |
| 3 | 中 | 植株出现中度黄叶、焦叶或病虫害，影响观赏性，但后续尚能恢复生长 |
| 4 | 高 | 植株出现少量黄叶、焦叶或病虫害，对总体观赏性和长势影响不大 |
| 5 | 极高 | 植株整体生长正常，没有出现不适症状 |

# 第六部分

# 拟石莲属植物品种DUS测试结果的管理

# 一、数据管理

1. 总体原则

根据GB/T 19557.1—2004《植物新品种特异性、一致性和稳定性测试指南 总则》《植物品种特异性、一致性和稳定性测试指南 拟石莲属》和《结果质量控制程序》的要求，按照观测时期、数据类型与复核的时限性，在测试中或当季测试结束后，对采集的品种性状数据和图片及时整理、汇总和分析，目测性状测试结果以代码及表达状态表示；测量性状测试结果以数据、代码及表达状态表示。最后，将符合数据库管理要求的有效数据按时上传至自动化办公系统，用于在线筛选近似品种或编制测试报告。

2. 基本要求

测试过程中，数据的及时整理与复核十分重要，尤其是图像数据与文字数据的一致性、一个测试周期的品种描述数据与确认差异性状的一致性复核。根据性状类型与观测时期的持续性，过程数据的整理与复核需在1～3个工作日内完成。

第一个测试周期结束后，需要将待测品种、近似品种、标准品种的纸质版观测数据按照电子化数据格式要求，转化为电子数据，形成品种描述上传至办公系统，并再次依据品种描述确认近似品种；数据的整理与分析需在5～10个工作日内完成，便于异议情况的处理。

对于需要进行第二、第三周期验证的品种，其第二、第三周期数据管理的重点是复核第一周期或第二周期中出现分歧的记录或异常情况。

3. 异常数据的处理

根据发生环节，测试数据出现异常主要分为两大类，一类是田间测试中发生的，一类是数据处理中发生的，包括田间采集时取样偏差，田间观测时记录错误，电子录入时错误等。

对于田间采集时取样偏差，观测数据并非来自典型植株，这类异常数据需要在测试复核中加以注明，为综合判定提供参考；对于观测时记录错误的异常数据，在证据充足的情况下，可按体系文件管理规定进行数据变更处理；对于分析出的异常值为电子录入时导致的，可按照纸质版记录直接变更即可。

对于发现图像数据与文字数据不一致的异常情况，需在1～3个工作日内进行复核纠正；对于测试周期结束后，同一性状的表达数据偏离超出可预见范围且影响特异性判定的情况，需要增加第二个周期的验证，对异常数据进行纠偏，给出综合结果。这种异常情况不排除是样品自身的问题。

## 二、特异性、一致性及稳定性判定

1. 总体原则

一致性、稳定性和特异性的判定都是基于性状进行的。一个品种的相关性状至少包括用于DUS测试的所有性状，或品种授权时其品种描述中采用的全部性状。因此，任何相关的性状无论是否列入测试指南，只要能满足DUS测试对性状的要求，都可用于特异性、一致性和稳定性的判定（如本规程第五部分的附加性状）。

一致性和特异性的判定是基于同一个种植试验对待测品种进行的评价。一致性评价的是性状在品种内变异的情况，特异性评价的是性状在品种间的差异情况（与所有已知品种比较）。若待测品种不能满足一致性的要求，则在第一个测试周期结束后可终止DUS测试试验，无须再进行特异性评价。测试过程中，一般不单独对稳定性进行测试，而是通过对品种一致性的判定来推测该品种是否具备稳定性。

2. 一致性的判定

拟石莲属为观赏多肉植物，指南中列入了6个质量性状、13个假质量性状和18个数量性状（含选测性状），且列入指南性状的观测方式除6个性状（植株高度、植株宽度、叶片长度、叶片宽度、叶片基部宽度、花序长度）采取个体测量，其余均为群体目测，该属品种易于扦插繁殖，因此繁殖方式以无性繁殖为主，综合考虑我国育种及应用现状、品种特定的繁殖特性与性状表达类型，其一致性判定的方法如下（包括附加性状的选择应用）。

采用1%的总体标准和至少95%的接受概率。当样本数量为20～30株时，允许有1株异型株。

3. 稳定性的判定

《UPOV公约》1978年文本第6条第1款d项规定：品种的必要性状必须稳定。经验表明，对于大多数类型的品种而言，如果一个品种表现出足够的一致性（即具备一致性），则可认为该品种也具备稳定性。

当对稳定性产生怀疑，且必要时，可以种植该品种的一批新苗或下一批种苗，与以前提供的繁殖材料相比，若性状表达无明显变化，则可判定该品种具备稳定性。

杂交种的稳定性判定，除直接对杂交种本身进行测试外，还可以通过对其亲本的一致性和稳定性鉴定的方法进行判定。

4. 特异性的判定

待测品种应明显区别于所有已知品种。在测试中，当待测品种至少在一个性状上与近似品种具有明显且可重现的差异时，即可判定待测品种具备特异性。

明显且可重现的差异，指在1～2个测试周期中，待测品种与近似品种有明显可见的差异，且该差异性状的差异程度和方向是可重现的，即一致的差异。差异的显著性可基于代码或统计分析的结果判定。

明显不可重现或重现但不明显的差异均不可作为特异性判定的依据。

## 三、测试报告编制与审核

完成一个生长周期测试后，测试员根据一年的数据分析结果，结合测试过程中有关品种表现的详细记录，对测试品种的特异性、一致性和稳定性进行判定和评价，在线完成测试报告的编制提交。测试分中心业务副主任或技术负责人对测试报告的文字数据、图像数据、近似品种、编制结论、结果等进行全面审核，审核通过后在线提交给测试分中心主任（或行政副主任）批准。批准人、审核人发现有问题或有疑问的测试报告，直接反馈给相关责任人，需要重新编制的报告须逐级退回。

测试报告由报告首页、性状描述表和图像描述三部分组成（附件例16）。此外，可能出现下列情况。

（1）待测品种不具备一致性，报告中须附上“一致性测试不合格结果表”（附件例17）；

（2）待测品种不具备特异性，报告中须附上“性状描述对比表”（附件例18）；

（3）必要时，报告中需附上某个数量性状的具体统计分析表。

测试报告在线批准后，测试员即可在线生成和打印测试报告，并按要求在“图像描述”页面贴上所需照片。若任务由测试中心下达，则纸质测试报告一式两份，相关人员签字和盖章后，一份提供给测试中心，一份副本由测试分中心归档保存；若任务来自委托，则纸质测试报告一式三份，两份提供给委托人，一份副本由测试分中心归档保存。

## 四、问题反馈与处理

若测试过程中出现了问题，应及时向主管部门和审查员或其他委托人反馈，书面征求处理意见。例如，植株定植后不能正常生长、自然灾害或人为因素造成试验材料或数据损失等情况，要及时汇报沟通，并采取切实有效的补救措施。

案例：由于运送过程造成种苗损毁严重，无法继续进行测试，优先跟委托方沟通有无多余种苗可补送，如有即刻安排补送，第一批苗按照委托方意愿处理（退回/销毁），如没有即终止当年DUS测试，函模板见附件例19。

## 五、收获物处理

田间测试结束后，将测试品种转入已知品种活体保存圃，每个品种保存10～20株，田间管理按测试材料田间管理进行。

## 六、测试资料归档

测试资料为质量控制、侵权鉴定等活动的重要溯源依据，需严格按照分中心体系文件中《档案管理与保密制度》《文件控制和管理程序》的相关规定进行归档，正确编码，有序造册，规范保存。测试过程中产生的一切数据、文字、图像等纸质或电子版资料，都应及时整理归档，包括测试任务书/委托协议、样品委托单、繁材接收单、样品流转单、田间种植清单、田间种植平面图、试验实施方案、栽培管理记录、性状测试（数据采集）记录表、数据处理备忘录、测试报告与审核备忘录、测试工作总结、图像资料、异常情况反馈函及其他相关资料。

第七部分

# 拟石莲属已知品种库的构建应用与更新

# 一、拟石莲属已知品种库的构建

国际植物新品种保护联盟（UPOV）规定，一个品种在提交申请时必须与其他任何已知品种有明显区别才能满足特异性要求。因此，可通过建立已知品种数据库的方式，通过系统的比对筛选，以减少在种植试验或其他测试中与申请保护的品种进行直接比较的已知品种数量。近似品种筛选的前提是已知品种库的建立和完善，因此已知品种库的构建在DUS测试中尤为重要。

1. 信息库（表7-1至表7-14）

**表7-1　特玉莲信息库**

| 品种主要性状描述信息 | | | 图片信息 | |
|---|---|---|---|---|
| 主要性状 | 代码 | 描述 | | |
| 植株：分枝数 | 2 | 少 | | |
| 叶：数量 | 2 | 少到中 | | |
| 叶：厚度 | 3 | 中 | | |
| 叶：形状 | 6 | 匙形 | | |
| 叶：突尖长度 | 2 | 短 | | |
| 叶：横截面形状 | 4 | 拱形 | | |
| 叶：反卷 | 9 | 有 | | |
| 叶：叶艺 | 1 | 无 | | |
| 叶：斑纹类型 | 1 | 无 | | |
| 叶：蜡粉 | 3 | 中 | | |
| 叶：毛 | 1 | 无 | | |
| 叶：边缘波状程度 | 1 | 无或极弱 | | |
| 叶：表面疣凸 | 1 | 无 | 光照不充足情况下植株正面 | 植株侧面 |
| 花序：类型 | 1 | 聚伞花序 | | |
| 花序：花数量 | 2 | 少 | | |
| 花序：苞片的数量 | 3 | 中 | | |
| 花：开张程度 | 2 | 中 | | |
| 花瓣：外侧主色 | 6 | 橙红色 | | |
| 花瓣：外侧次色有无 | 1 | 无 | | |
| 花瓣：先端反卷程度 | 1 | 无或极弱 | | |
| 花瓣：类型 | 2 | 筒状 | | |
| 萼片：类型 | 2 | 不等长 | | |
| 萼片：相对于花瓣长度 | 2 | 短 | | |
| 萼片：姿态 | 2 | 半直立 | 光照充足情况下植株正面 | 小花 |

注：光照不充足情况下全株呈绿色，叶片稀疏、间距伸长；在光照充足情况下，全株呈浅黄色或粉红色。

表7-2　三色堇信息库

| 品种主要性状描述信息 | | | 图片信息 | |
|---|---|---|---|---|
| 主要性状 | 代码 | 描述 | | |
| 植株：分枝数 | 1 | 无或极少 | 光照不充足情况下植株正面 | 光照充足情况下植株正面 |
| 叶：数量 | 4 | 中到多 | | |
| 叶：厚度 | 1 | 薄 | | |
| 叶：形状 | 5 | 倒卵形 | | |
| 叶：先端形状 | 2 | 钝角 | | |
| 叶：突尖长度 | 2 | 短 | | |
| 叶：横截面形状 | 1 | 凹形 | | |
| 叶：反卷 | 1 | 无 | 植株侧面 | 叶片横截面 |
| 叶：叶艺 | 1 | 无 | | |
| 叶：斑纹类型 | 1 | 无 | | |
| 叶：蜡粉 | 2 | 少 | | |
| 叶：毛 | 1 | 无 | | |
| 叶：边缘波状程度 | 1 | 无或极弱 | | |
| 叶：表面疣凸 | 1 | 无 | | |
| 花：开张程度 | 2 | 中 | 小花 | 叶片正面 |
| 花瓣：外侧主色 | 7 | 浅粉红色 | | |
| 花瓣：外侧次色有无 | 9 | 有 | | |
| 花瓣：先端反卷程度 | 2 | 弱 | | |
| 花瓣：类型 | 1 | 片状 | | |
| 萼片：类型 | 2 | 不等长 | | |
| 萼片：相对于花瓣长度 | 3 | 中 | | |
| 萼片：姿态 | 2 | 半直立 | | |

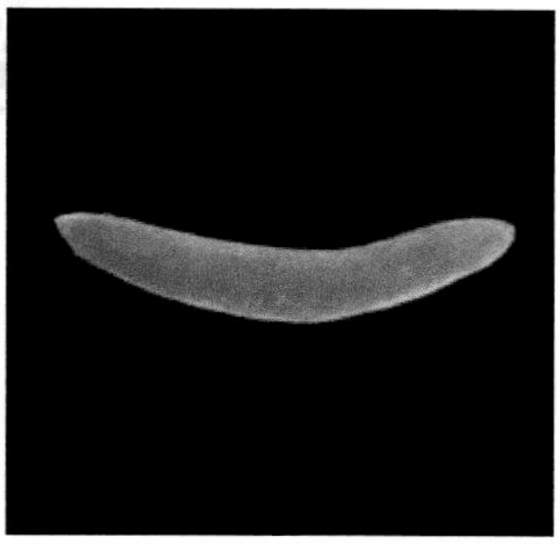

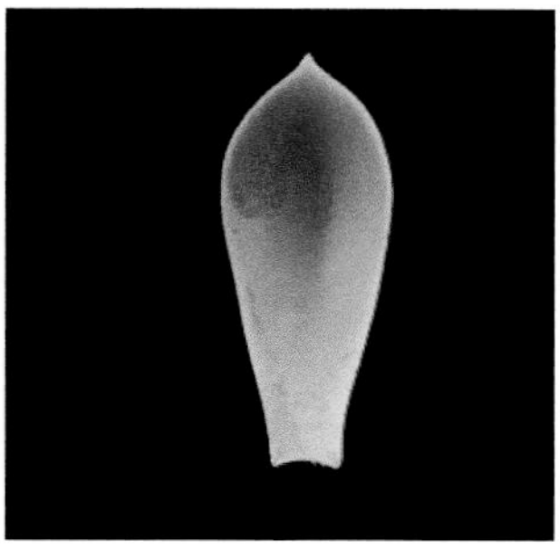

注：光照不充足情况下全株呈绿色；光照充足情况下，植株从青白色到青中泛黄、粉色，三色共存。

**表7-3　杜里万莲信息库**

| 品种主要性状描述信息 | | | 图片信息 | |
|---|---|---|---|---|
| 主要性状 | 代码 | 描述 | | |
| 植株：分枝数 | 1 | 无或极少 | | |
| 植株：暗纹 | 9 | 有 | | |
| 叶：数量 | 1 | 少 | | |
| 叶：厚度 | 4 | 中到厚 | | |
| 叶：形状 | 3 | 椭圆形 | | |
| 叶：先端形状 | 1 | 锐角 | 光照不充足时植株侧面 | 光照充足时植株侧面 |
| 叶：突尖长度 | 3 | 中 | | |
| 叶：横截面形状 | 1 | 凹形 | | |
| 叶：反卷 | 1 | 无 | | |
| 叶：叶艺 | 1 | 无 | | |
| 叶：斑纹类型 | 1 | 无 | | |
| 叶：蜡粉 | 2 | 少 | | |
| 叶：毛 | 1 | 无 | | |
| 叶：边缘波状程度 | 1 | 无或极弱 | 植株正面 | 叶片横截面 |
| 叶：表面疣凸 | 1 | 无 | | |
| 花序：类型 | 1 | 聚伞花序 | | |
| 花序：花数量 | 1 | 极少 | | |
| 花序：苞片的数量 | 1 | 极少 | | |
| 花：开张程度 | 1 | 弱 | | |
| 花瓣：外侧主色 | 7 | 浅粉红色 | | |
| 花瓣：外侧次色有无 | 9 | 有 | | |
| 花瓣：先端反卷程度 | 2 | 弱 | | |
| 萼片：类型 | 2 | 不等长 | | |
| 萼片：相对于花瓣长度 | 1 | 极短 | 叶片正面 | 小花 |
| 萼片：姿态 | 4 | 下弯 | | |

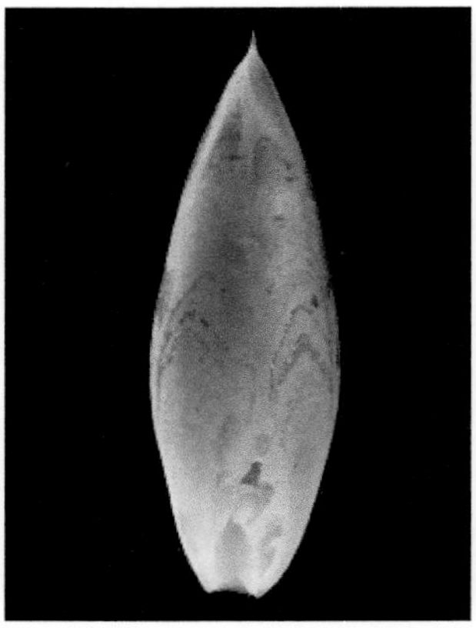

注：光照不充足时呈现浅绿色到白色；光照充足时叶尖会呈现浅粉红色，甚至整株呈现橘红色。

**表7-4　锦晃星信息库**

| 品种主要性状描述信息 | | | 图片信息 | |
|---|---|---|---|---|
| 主要性状 | 代码 | 描述 | | |
| 植株：分枝数 | 3 | 中 | 光照不充足时植株正面 | 光照充足时植株正面 |
| 叶：数量 | 2 | 少到中 | | |
| 叶：厚度 | 3 | 中 | | |
| 叶：形状 | 6 | 匙形 | | |
| 叶：先端形状 | 2 | 钝角 | | |
| 叶：突尖长度 | 1 | 无 | 光照不充足时植株侧面 | 光照充足时植株侧面 |
| 叶：反卷 | 1 | 无 | | |
| 叶：叶艺 | 1 | 无 | | |
| 叶：斑纹类型 | 1 | 无 | | |
| 叶：蜡粉 | 1 | 无或极少 | | |
| 叶：毛 | 4 | 密 | 叶片正面 | |
| 叶：毛长度 | 3 | 中 | | |
| 叶：上表面覆色分布 | 3 | 叶上部 | | |
| 叶：边缘波状程度 | 1 | 无或极弱 | | |
| 叶：表面疣凸 | 1 | 无 | | |

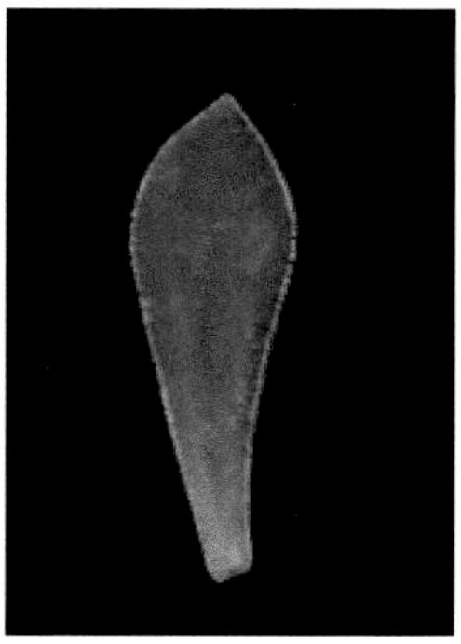

注：在光照不充足情况下，全株呈深绿色；在冷凉时期光照充足的条件下，叶缘及叶片上部均呈深红色。

**表7-5　昂斯诺信息库**

| 品种主要性状描述信息 | | | 图片信息 | |
|---|---|---|---|---|
| 主要性状 | 代码 | 描述 | | |
| 植株：分枝数 | 2 | 少 | | |
| 叶：数量 | 3 | 中 | | |
| 叶：厚度 | 3 | 中 | | |
| 叶：形状 | 5 | 倒卵形 | | |
| 叶：先端形状 | 3 | 钝圆 | | |
| 叶：突尖长度 | 3 | 中 | 光照不充足时植株正面 | 光照充足时植株正面 |
| 叶：反卷 | 1 | 无 | | |
| 叶：叶艺 | 1 | 无 | | |
| 叶：斑纹类型 | 1 | 无 | | |
| 叶：蜡粉 | 2 | 少 | | |
| 叶：毛 | 1 | 无 | | |
| 叶：边缘波状程度 | 1 | 无或极弱 | | |
| 叶：表面疣凸 | 1 | 无 | | |
| 叶：冰边 | 9 | 有 | | |
| 花序：类型 | 1 | 聚伞花序 | 光照不充足时叶片正面 | 光照充足时叶片正面 |
| 花序：花数量 | 2 | 少 | | |
| 花序：苞片的数量 | 2 | 少 | | |
| 花：开张程度 | 2 | 中 | | |
| 花瓣：外侧主色 | 7 | 浅粉红色 | | |
| 花瓣：外侧次色有无 | 9 | 有 | | |
| 花瓣：先端反卷程度 | 2 | 弱 | | |
| 萼片：类型 | 2 | 不等长 | | |
| 萼片：相对于花瓣长度 | 2 | 短 | | |
| 萼片：姿态 | 2 | 半直立 |  花序 |  小花 |

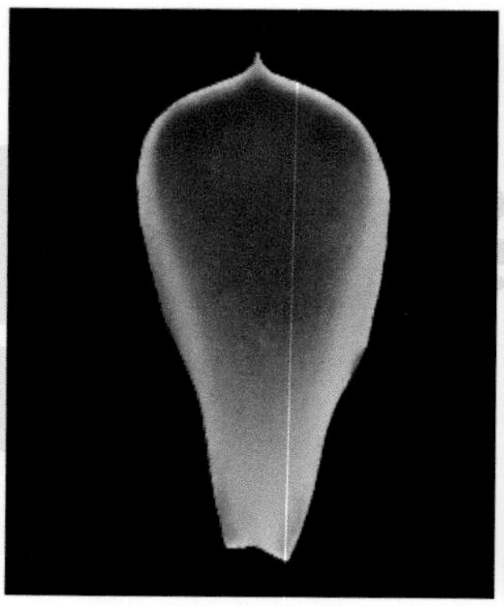

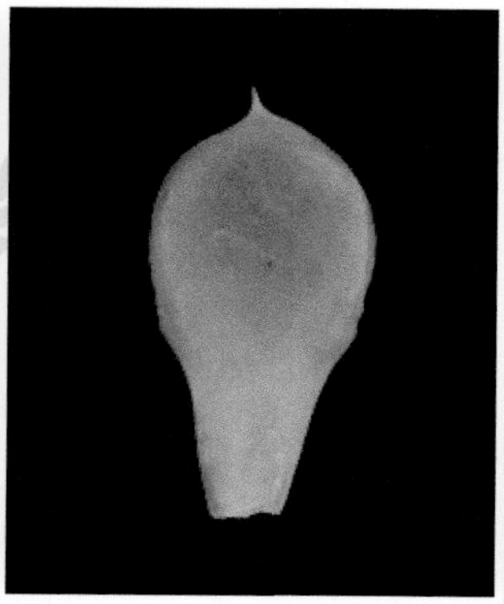

注：光照不充足时为绿色或浅绿色，光照充足的情况下则有可能变成嫩黄色或橙红色，亦或为淡粉色。

**表7-6　女雏信息库**

| 品种主要性状描述信息 | | | 图片信息 | |
|---|---|---|---|---|
| 主要性状 | 代码 | 描述 | 光照充足，温差大时植株正面 | |
| 植株：分枝数 | 4 | 多 | | |
| 叶：数量 | 3 | 中 | | |
| 叶：厚度 | 3 | 中 | | |
| 叶：形状 | 6 | 匙形 | | |
| 叶：先端形状 | 2 | 钝角 | | |
| 叶：突尖长度 | 4 | 长 | | |
| 叶：横截面形状 | 3 | 椭圆形 | 光照充足，温差大时植株侧面 | 光照不充足时植株正面 |
| 叶：反卷 | 1 | 无 | | |
| 叶：叶艺 | 1 | 无 | | |
| 叶：斑纹类型 | 1 | 无 | | |
| 叶：蜡粉 | 2 | 少 | | |
| 叶：毛 | 1 | 无 | | |
| 叶：边缘波状程度 | 1 | 无或极弱 | | |
| 叶：表面疣凸 | 1 | 无 | | |

注：光照不充足时全株叶色淡绿，光照充足且温差大时，叶尖变成粉红色，易群生。

**表7-7　蜡牡丹信息库**

| 品种主要性状描述信息 | | | 图片信息 | |
|---|---|---|---|---|
| 主要性状 | 代码 | 描述 | 光照不充足时植株正面 | 光照充足时植株正面 |
| 植株：分枝数 | 4 | 多 | | |
| 植株：姿态 | 3 | 平展 | | |
| 叶：数量 | 2 | 少到中 | | |
| 叶：厚度 | 3 | 中 | | |
| 叶：形状 | 4 | 近圆形 | | |
| 叶：先端形状 | 4 | 平截 | | |
| 叶：突尖长度 | 2 | 短 | | |

（续表）

| 品种主要性状描述信息 | | | 图片信息 | |
|---|---|---|---|---|
| 主要性状 | 代码 | 描述 | | |
| 叶：反卷 | 1 | 无 | | |
| 叶：叶艺 | 1 | 无 | | |
| 叶：斑纹类型 | 1 | 无 | | |
| 叶：蜡粉 | 1 | 无或极少 | | |
| 叶：毛 | 1 | 无 | | |
| 叶：边缘波状程度 | 1 | 无或极弱 | 植株侧面 | 叶片正面 |
| 叶：表面疣凸 | 1 | 无 | | |

注：光照不充足时呈现浅绿色，光照充足时叶缘会呈现粉红色，甚至整株呈现红色。

**表7-8　猪鼻子信息库**

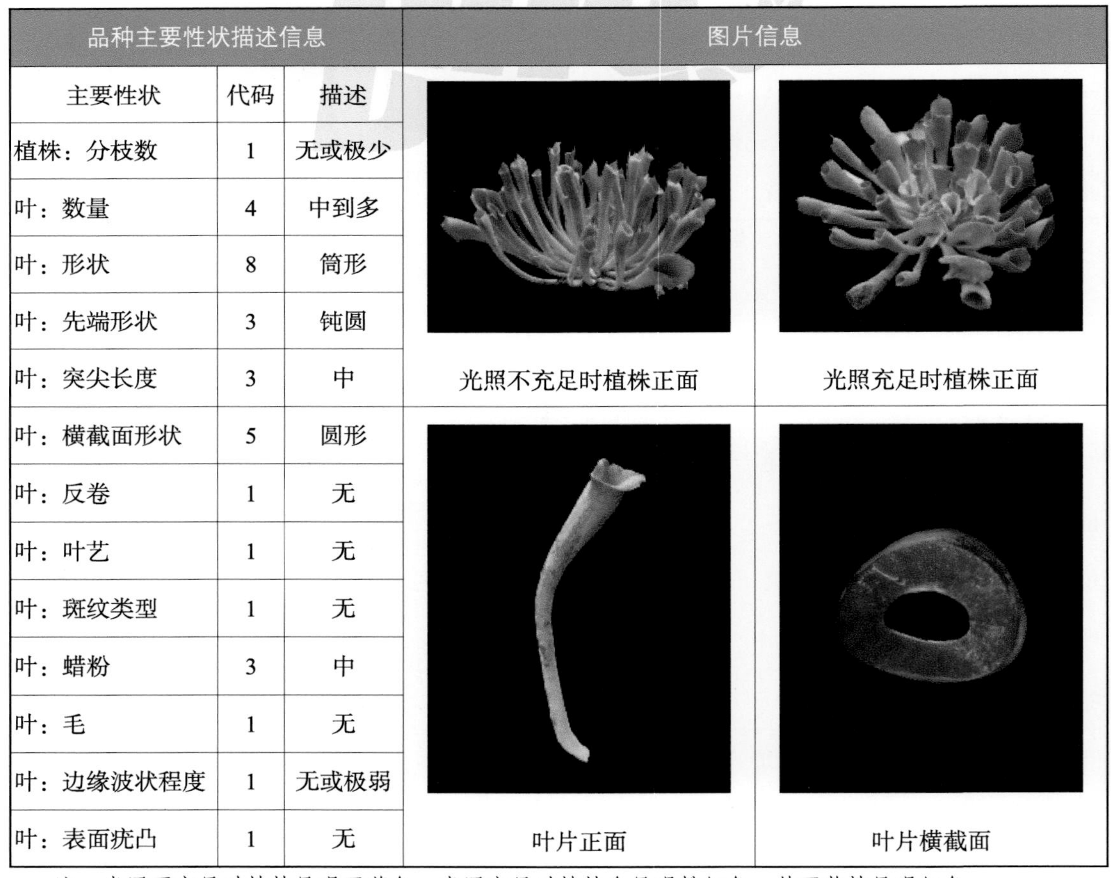

| 品种主要性状描述信息 | | | 图片信息 | |
|---|---|---|---|---|
| 主要性状 | 代码 | 描述 | | |
| 植株：分枝数 | 1 | 无或极少 | | |
| 叶：数量 | 4 | 中到多 | | |
| 叶：形状 | 8 | 筒形 | | |
| 叶：先端形状 | 3 | 钝圆 | | |
| 叶：突尖长度 | 3 | 中 | 光照不充足时植株正面 | 光照充足时植株正面 |
| 叶：横截面形状 | 5 | 圆形 | | |
| 叶：反卷 | 1 | 无 | | |
| 叶：叶艺 | 1 | 无 | | |
| 叶：斑纹类型 | 1 | 无 | | |
| 叶：蜡粉 | 3 | 中 | | |
| 叶：毛 | 1 | 无 | | |
| 叶：边缘波状程度 | 1 | 无或极弱 | | |
| 叶：表面疣凸 | 1 | 无 | 叶片正面 | 叶片横截面 |

注：光照不充足时植株呈现瓦蓝色；光照充足时植株会呈现粉红色，甚至整株呈现红色。

**表7-9 蓝苹果信息库**

| 品种主要性状描述信息 | | | 图片信息 | |
|---|---|---|---|---|
| 主要性状 | 代码 | 描述 | | |
| 植株：分枝数 | 3 | 中 | 植株正面 | 植株侧面 |
| 叶：数量 | 2 | 少到中 | | |
| 叶：厚度 | 3 | 中 | | |
| 叶：形状 | 6 | 匙形 | | |
| 叶：棱 | 9 | 有 | | |
| 叶：棱位置 | 1 | 中间 | | |
| 叶：先端形状 | 3 | 钝圆 | | |
| 叶：突尖长度 | 1 | 无 | 叶片正面 | 叶片横截面 |
| 叶：反卷 | 1 | 无 | | |
| 叶：叶艺 | 1 | 无 | | |
| 叶：斑纹类型 | 1 | 无 | | |
| 叶：蜡粉 | 2 | 少 | | |
| 叶：毛 | 1 | 无 | | |
| 叶：边缘波状程度 | 1 | 无或极弱 | | |
| 叶：表面疣凸 | 1 | 无 | | |
| 花序：类型 | 1 | 聚伞花序 | | |
| 花序：花数量 | 3 | 中 | 花序 | 小花 |
| 花序：苞片的数量 | 2 | 少 | | |
| 花：开张程度 | 2 | 中 | | |
| 花瓣：外侧主色 | 4 | 橙黄色 | | |
| 花瓣：外侧次色有无 | 9 | 有 | | |
| 花瓣：先端反卷程度 | 2 | 弱 | | |
| 萼片：类型 | 1 | 等长 | | |
| 萼片：相对于花瓣长度 | 3 | 中 | | |
| 萼片：姿态 | 2 | 半直立 | | |

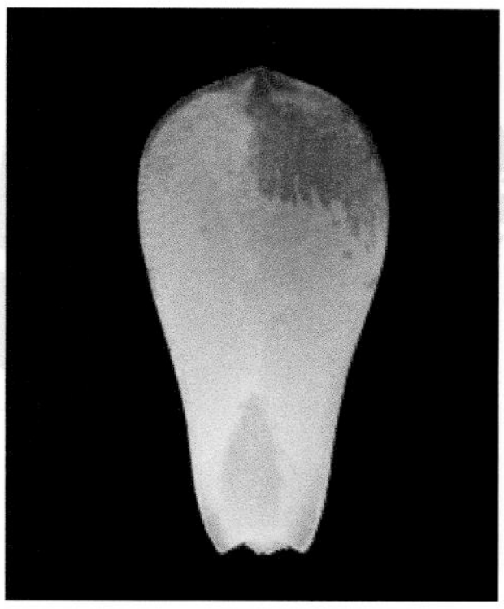

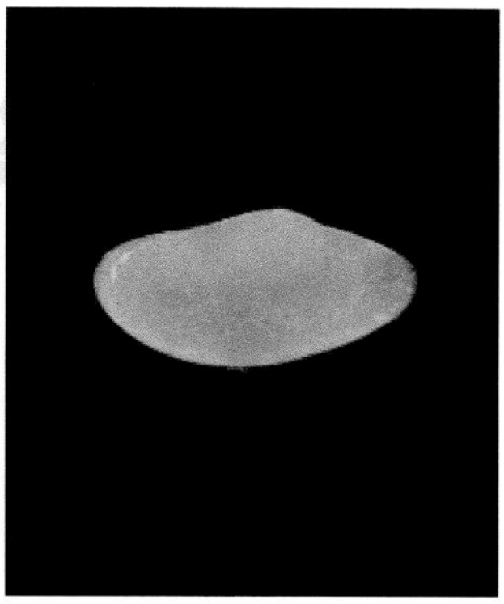

注：光照不充足时呈现绿色，光照充足时叶片上部易泛红，甚至整株呈现红色。

**表7-10　鱿鱼信息库**

| 品种主要性状描述信息 | | | 图片信息 | |
|---|---|---|---|---|
| 主要性状 | 代码 | 描述 | 光照不充足时植株正面 | 光照充足时植株正面 |
| 植株：分枝数 | 1 | 无或极少 | | |
| 叶：数量 | 3 | 中 | | |
| 叶：厚度 | 2 | 薄到中 | | |
| 叶：形状 | 2 | 披针形 | | |
| 叶：先端形状 | 1 | 锐角 | | |
| 叶：突尖长度 | 3 | 中 | | |
| 叶：横截面形状 | 1 | 凹形 | | |
| 叶：反卷 | 1 | 无 | 叶片正面 | 花序 |
| 叶：叶艺 | 1 | 无 | | |
| 叶：斑纹类型 | 1 | 无 | | |
| 叶：蜡粉 | 1 | 无或极少 | | |
| 叶：毛 | 1 | 无 | | |
| 叶：边缘波状程度 | 1 | 无或极弱 | | |
| 叶：表面疣凸 | 1 | 无 | | |
| 花序：类型 | 1 | 聚伞花序 | | |
| 花序：花数量 | 3 | 中 | | |
| 花序：苞片的数量 | 3 | 中 | 叶横截面 | 小花 |
| 花：开张程度 | 1 | 弱 | | |
| 花瓣：外侧主色 | 3 | 中等黄色 | | |
| 花瓣：外侧次色有无 | 1 | 无 | | |
| 花瓣：先端反卷程度 | 1 | 无或极弱 | | |
| 萼片：类型 | 2 | 不等长 | | |
| 萼片：相对于花瓣长度 | 4 | 长 | | |
| 萼片：姿态 | 2 | 半直立 | | |

注：光照不充足时叶呈绿色，光照充足时叶呈紫灰色。

**表7-11　小蓝衣信息库**

| 品种主要性状描述信息 | | | 图片信息 |
|---|---|---|---|
| 主要性状 | 代码 | 描述 | |
| 植株：分枝数 | 3 | 中 | 光照不充足时植株正面；光照充足时植株正面 |
| 叶：数量 | 4 | 中到多 | |
| 叶：形状 | 6 | 匙形 | |
| 叶：先端形状 | 3 | 钝圆 | |
| 叶：突尖长度 | 2 | 短 | |
| 叶：横截面形状 | 3 | 椭圆形 | |
| 叶：反卷 | 1 | 无 | 叶片正面；小花 |
| 叶：叶艺 | 1 | 无 | |
| 叶：斑纹类型 | 1 | 无 | |
| 叶：蜡粉 | 2 | 少 | |
| 叶：毛 | 2 | 疏 | |
| 叶：毛长度 | 3 | 中 | |
| 叶：边缘波状程度 | 1 | 无或极弱 | |
| 叶：表面疣凸 | 1 | 无 | |
| 花序：类型 | 1 | 聚伞花序 | |
| 花序：花数量 | 1 | 极少 | |
| 花序：苞片的数量 | 4 | 多 | 花序 |
| 花：开张程度 | 1 | 弱 | |
| 花瓣：外侧主色 | 11 | 红色 | |
| 花瓣：外侧次色有无 | 9 | 有 | |
| 花瓣：先端反卷程度 | 1 | 无或极弱 | |
| 萼片：类型 | 1 | 等长 | |
| 萼片：相对于花瓣长度 | 2 | 短 | |
| 萼片：姿态 | 2 | 半直立 | |

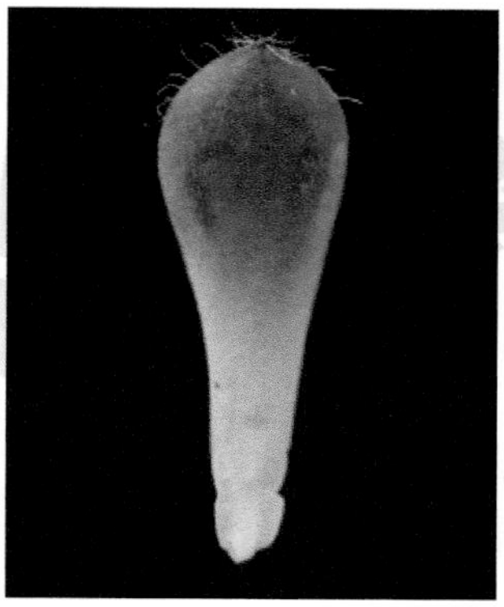

注：光照不充足时叶片呈蓝绿色，光照充足时叶尖或整株会呈现红色。

表7-12 尖叶红司信息库

| 品种主要性状描述信息 | | | 图片信息 | |
|---|---|---|---|---|
| 主要性状 | 代码 | 描述 | 植株正面 | 植株侧面 |
| 植株：分枝数 | 2 | 少 | | |
| 叶：数量 | 2 | 少到中 | | |
| 叶：形状 | 6 | 匙形 | | |
| 叶：先端形状 | 2 | 钝角 | | |
| 叶：突尖长度 | 2 | 短 | | |
| 叶：反卷 | 1 | 无 | | |
| 叶：叶艺 | 1 | 无 | | |
| 叶：斑纹类型 | 3 | 条状 | | |
| 叶：蜡粉 | 1 | 无或极少 | | |
| 叶：毛 | 1 | 无 | | |
| 叶：边缘波状程度 | 1 | 无或极弱 | 花序 | 小花 |
| 叶：表面疣凸 | 1 | 无 | | |
| 花序：类型 | 4 | 总状花序 | | |
| 花序：花数量 | 2 | 少 | | |
| 花序：苞片的数量 | 1 | 极少 | | |
| 花：开张程度 | 1 | 弱 | | |
| 花瓣：外侧主色 | 10 | 玫红色 | | |
| 花瓣：外侧次色有无 | 9 | 有 | | |
| 花瓣：先端反卷程度 | 1 | 无或极弱 | | |
| 萼片：类型 | 1 | 等长 | | |
| 萼片：相对于花瓣长度 | 2 | 短 | | |
| 萼片：姿态 | 3 | 平展 | | |

注：叶片呈黄绿色或灰绿色，叶背中央、叶缘与叶面有深红色斑纹是该品种最大特点。

**表7-13　紫珍珠信息库**

| 品种主要性状描述信息 | | | 图片信息 | |
|---|---|---|---|---|
| 主要性状 | 代码 | 描述 | | |
| 植株：分枝数 | 1 | 无或极少 | | |
| 叶：数量 | 2 | 少到中 | | |
| 叶：形状 | 5 | 倒卵形 | | |
| 叶：先端形状 | 4 | 平截 | | |
| 叶：突尖长度 | 2 | 短 | | |
| 叶：反卷 | 1 | 无 | | |
| 叶：叶艺 | 1 | 无 | 植株正面 | 植株侧面 |
| 叶：斑纹类型 | 1 | 无 | | |
| 叶：蜡粉 | 2 | 少 | | |
| 叶：毛 | 1 | 无 | | |
| 叶：边缘波状程度 | 1 | 无或极弱 | | |
| 叶：表面疣凸 | 1 | 无 | | |
| 花序：类型 | 1 | 聚伞花序 | | |
| 花序：花数量 | 2 | 少 | | |
| 花序：苞片的数量 | 1 | 极少 | 叶片正面 | 叶片横截面 |
| 花：开张程度 | 2 | 中 | | |
| 花瓣：外侧主色 | 10 | 玫红色 | | |
| 花瓣：外侧次色有无 | 1 | 无 | | |
| 花瓣：先端反卷程度 | 2 | 弱 | | |
| 萼片：类型 | 2 | 不等长 | | |
| 萼片：相对于花瓣长度 | 4 | 长 | | |
| 萼片：姿态 | 1 | 直立 | 花序 | 小花 |

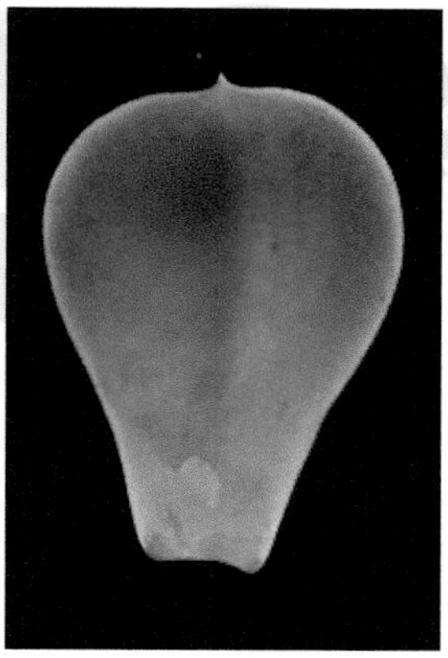

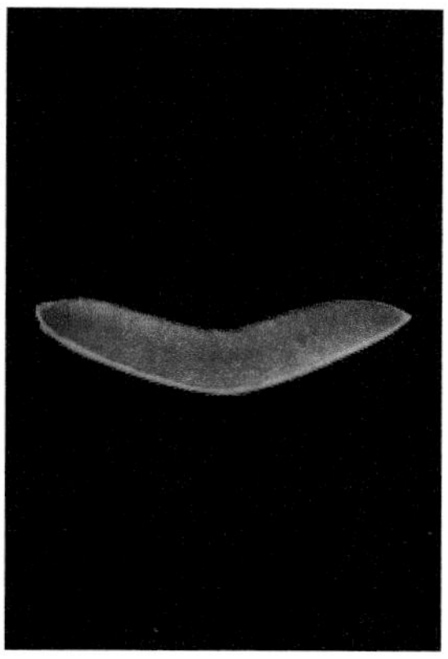

注：高温、光照不充足时叶片呈绿色；低温、光照充足时叶片呈粉紫色。

**表7-14 雨滴信息库**

| 品种主要性状描述信息 | | | 图片信息 | |
|---|---|---|---|---|
| 主要性状 | 代码 | 描述 | | |
| 植株：分枝数 | 1 | 无或极少 | 植株正面 | 植株侧面 |
| 叶：数量 | 3 | 中 | | |
| 叶：形状 | 5 | 倒卵形 | | |
| 叶：先端形状 | 3 | 钝圆 | | |
| 叶：突尖长度 | 2 | 短 | | |
| 叶：反卷 | 1 | 无 | | |
| 叶：叶艺 | 1 | 无 | 叶片 | 花序 |
| 叶：斑纹类型 | 1 | 无 | | |
| 叶：蜡粉 | 2 | 少 | | |
| 叶：毛 | 1 | 无 | | |
| 叶：边缘波状程度 | 1 | 无或极弱 | | |
| 叶：表面疣凸 | 9 | 有 | | |
| 叶：表面疣凸大小 | 2 | 中 | | |
| 花序：类型 | 1 | 聚伞花序 | | |
| 花序：花数量 | 3 | 中 | 小花 | |
| 花序：苞片的数量 | 2 | 少 | | |
| 花：开张程度 | 2 | 中 | | |
| 花瓣：外侧主色 | 9 | 深粉红色 | | |
| 花瓣：外侧次色有无 | 1 | 无 | | |
| 花瓣：先端反卷程度 | 3 | 中 | | |
| 萼片：类型 | 2 | 不等长 | | |
| 萼片：相对于花瓣长度 | 3 | 中 | | |
| 萼片：姿态 | 2 | 半直立 | | |

注：光照不充足时叶片呈绿色，疣凸变小；光照充足时叶片和疣凸均呈红色。

2. 活体库

拟石莲属为多年生植物，主要以盆栽形式在大棚繁殖保存，也可在田间以整株形式保存（图7-1，图7-2）。

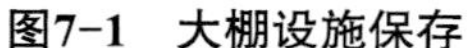

图7-1　大棚设施保存

图7-2　田间保存

## 二、拟石莲属已知品种库的应用与更新

1. 应用

利用已知品种信息库筛选近似品种：根据品种主要描述信息和图像信息，筛选出较为近似品种，根据筛选出的近似品种，在活体保存库里选择该品种作为近似品种与待测品种相邻种植，进行对比测试。

2. 更新

（1）一般申请人提供的原始品种的数量仅供DUS测试，完成测试后需要更多的植物材料长期保存在品种库，可通过叶插、分株等方式进行繁殖，扩大品种数量。

（2）当品种库的植物材料已减少或退化时，需要对品种活体材料进行更新。

（3）当植株太老时，无法正常表达出该品种特征特性时，需要进行替换或重新繁殖。

# 参考文献


邓湘辉，游翔，黄裕华，2003. 芦荟炭疽病发生特点及综合防治技术[J]. 中国植保导刊，23（10）：16–17.

李春霞，党云萍，李宏飞，等，2018. 6 种杀菌剂对果树园林植物锈病的防治效果研究[J]. 现代农业科技（2）：123–124.

李敏，胡美姣，薛丁榕，等，2013. 火龙果黑斑病菌[*Bipolaris cactivora*（Petrak）Alcorn]生物学特性研究[J]. 热带作物学报，34（9）：1770–1775.

吕洁，刘冰，陈进勇，2023. 五种景天科多肉植物的夏季适应性评价[C]//中国植物学会，中国野生植物保护协会，中国公园协会，中国生物多样性保护与绿色发展基金会. 2022 年中国植物园学术年会论文集[C]. 北京：中国林业出版社：211–216.

唐浩. 植物品种特异性、一致性、稳定性测试总论[M]. 北京：中国农业出版社，2017.

王芳，曾华英，杨福祥，2001. 芦荟炭疽病菌生物学特性及防治的研究[J]. 中国农学通报，17（2）：24–26.

王华，2004. 多浆植物病虫害的防治[J]. 花卉（6）：11.

吴志红，2005. 观赏植物蚧壳虫的发生与防治[J]. 农业科技通讯（3）：21.

杨澜，彭强，彭婷，等，2020. 影响多肉植物花粉活力及离体萌发率的因素研究[J]. 种子，39（8）：12–16.

杨澜，王爱华，李薇，等，2017. 贵阳石漠化山地越冬多肉植物品种筛选[J]. 北方园艺（9）：57–61.

杨澜，张朝君，杜致辉，等，2021. 多肉植物红司（*Echeveria nodulosa*）花粉离体萌发和花粉管生长特性研究[J]. 热带作物学报，42（2）：362–369.

姚京都，2000. 芦荟病害发生与防治[J]. 花卉（5）：20.

姚珍贵，2004. 芦荟炭疽病发生特点及综合防治技术[J]. 福建农业（5）：22.

张志敏，2007. 芦荟病害及防治措施[J]. 现代农村科技（8）：22.

BURDON J J，THOMPSON J N，1995. Changed patterns of resistance in a population of *Linum marginale* attacked by the rust *Pathogen melampsora* Lini[J]. Journal of Ecology，83（2）：199–206.

CASPAR L，RUTH C，BEYER S F，et al.，2016. Fighting Asian soybean rust[J]. Front Plant Sci，7（236）：797.

PILBEAM J，2008. The genus *Echeveria*[M]. UK：British Cactus & Succulent Society.

DUS

# 附　件

# 附件例1

## 农业农村部植物新品种测试（××）分中心<br>测试样品繁材接收通知单

尊敬的先生/女士：

您好！

本中心于　　　年　　月　　日收到贵单位提供的测试样品繁殖材料，数量及质量符合测试指南要求，予以正常接收。

特此通知。

| 委托单位信息 | |
|---|---|
| 委托单位 | |
| 联系人 | |
| 联系地址 | |
| 联系电话 | |
| 繁殖材料信息 | |
| 品种名称 | |
| 植物种类 | |
| 品种类型 | □有性繁殖　□无性繁殖 |
| 繁材类型 | □种茎　□种球　□种苗　□砧木　□接穗　□其他 |
| 繁材数量 | |
| 繁材质量 | |

农业农村部植物新品种测试（××）分中心

年　月　日

# 附件例2

## 植物品种委托测试协议书

甲方：

乙方：农业农村部植物新品种测试（××）分中心

甲方委托乙方对提供的 ××× 品种（每一批次委托测试品种清单见双方盖章有效的附件）进行特异性、一致性和稳定性测试（以下简称DUS测试）。经协商，双方达成如下委托测试协议。

1.甲方委托乙方对甲方提供的品种进行 1 个生长周期的DUS测试，乙方应在全部田间测试结束后2个月内向甲方提供测试报告一式 2 份。

2.按照DUS测试繁殖材料的数量和质量要求，甲方应及时提供合格的繁殖材料。

3.甲方对品种繁殖材料的真实性负责。

4.甲方应及时提供委托品种的技术问卷。乙方按照技术问卷内容，以及拟石莲属DUS测试指南组织DUS测试。

5.在DUS测试中如遇因特殊情况导致试验中止或无效，乙方应及时通知甲方。

6.甲方应于本协议书签字生效后 ××× 个工作日内，一次性支付乙方委托费用，费用按每个样品 ××× 元/1个周期计算，合计费用为 ××× 元，样品数量及基本信息详见附件。

7.因不可抗力（如地震、洪水、火灾、台风等）导致DUS测试结果异常或报废，甲方要求终止委托时，乙方不退还甲方剩余的DUS测试费用；甲方同意继续委托DUS测试时，乙方继续开展DUS测试，并向甲方收取继续开展DUS测试的费用。

8.因其他原因导致DUS测试结果异常或报废，甲方要求终止委托时，乙方应退还剩余的DUS测试费用。甲方同意继续测试时，乙方应继续开展DUS测试，并不得重新收取DUS测试费用。

9.乙方所出具的报告仅对甲方提供的样品负责。

10.本委托书一式 4 份，双方签章生效，各保存2份，有效期1年。

11.因光温因素导致品种的表达不充分造成结果无效责任由甲方承担，委托测试品种应适宜在测试机构所在的生态区域种植。

12.其他未尽事宜以双方协议补充为准。

13.委托测试费用支付：

开户行： ×××

账号： ×××

户名： ×××

附件：待测样品清单与近似样品清单

甲方：
（盖章）

乙方：农业农村部植物新品种测试（××）分中心（盖章）

代表人：（签字）

代表人：（签字）

地址：

地址：×××

邮编：

邮编：571737

联系人：
手机：

联系人：
电话：

年 月 日

年 月 日

**附：**

## 待测样品清单

单位（盖章） 日期： 年 月 日

| 编号 | 品种名称 | 植物种类 | 繁材类型 | 保藏号 | 适种区域 | 定植期 | 选育单位 | 联系人 | 联系方式 |
|---|---|---|---|---|---|---|---|---|---|
| 2021001 | ××× | 拟石莲属 | 杂交种 | 无 | 海南等热区 | 春播 | ××× | ××× | ××× |

## 近似样品清单

| 编号 | 品种名称 | 植物种类 | 繁材类型 | 保藏号 | 适种区域 | 定植期 | 选育单位 | 说明 |
|---|---|---|---|---|---|---|---|---|
| J2021001 | ××× | 拟石莲属 | 杂交种 | 无 | 海南等热区 | 春播 | — | 作为待测样品××的近似样品 |

注：1. 繁材类型，拟石莲属：突变种/杂交种。2. 播期：春/夏/秋/冬播等。3. 保藏编号：若繁殖材料已提交到农业农村部植物品种标准样品库，则需提供保藏编号。

# 附件例3

## 农业农村部植物新品种测试（××）分中心植物品种委托测试样品委托单

共　　页　　第　　页

<table>
<tr><td>委托单位<br>（盖章）</td><td colspan="3"></td><td>联系人</td><td></td><td>联系电话</td><td></td><td></td><td>报告要求</td><td>□加急<br>□普通</td><td>送样方式</td><td>□邮寄<br>□面送</td></tr>
<tr><td rowspan="2">寄（送）样人</td><td>姓名</td><td></td><td rowspan="2">寄（送）时间</td><td colspan="2" rowspan="2"></td><td rowspan="2">样品数量<br>（个）</td><td>待测样品</td><td></td><td rowspan="2">样品类型</td><td rowspan="2">□种子<br>□种苗</td><td rowspan="2">不符样品<br>处理方式</td><td rowspan="2">□退回<br>□销毁</td></tr>
<tr><td>电话</td><td></td><td>近似样品</td><td></td></tr>
<tr><td>序号</td><td>品种名称</td><td>作物种类</td><td>繁材类型</td><td colspan="2">适种区域</td><td>适宜<br>播期</td><td>样品量<br>（克/株）</td><td colspan="2">生产年份</td><td>测试方式</td><td>报告用途*</td><td>备注</td></tr>
<tr><td>1</td><td></td><td></td><td></td><td colspan="2"></td><td></td><td></td><td colspan="2"></td><td>□A　□B</td><td></td><td>待测样品</td></tr>
<tr><td>2</td><td></td><td></td><td></td><td colspan="2"></td><td></td><td></td><td colspan="2"></td><td>□A　□B</td><td></td><td>作为×××样品的近似样品</td></tr>
<tr><td>寄（送）样须知</td><td colspan="12">1. 寄（送）样人应逐项认真填写本单，□选择项用“√”划定；无内容划“—”，未尽内容请在备注栏内注明，对上述内容确认后签字；委托单位须对其内容进行审核，并确认盖章，对其样品真实性负责。<br>2. 承接单位接收样品时，根据样品委托单核实样品，填写样品核实处理情况，签章有效。<br>3. 测试方式：A.田间测试，B.现场考察。测试报告用途：品种审定（绿色通道）/品种登记/品种权申请预测/其他（请注明）。</td></tr>
<tr><td colspan="2">寄（送）样人（签名）</td><td></td><td colspan="2">接样人（签名）</td><td colspan="2"></td><td colspan="2">签收日期</td><td colspan="4">年　　月　　日</td></tr>
<tr><td colspan="2">样品核实处理情况</td><td colspan="5">□符合，正常接收；□不符合，退回；□不符合，销毁；<br>□其他（具体说明：________________）</td><td colspan="2">承接单位（签章）</td><td colspan="4">年　　月　　日</td></tr>
</table>

# 附件例4

## ______分中心____年度____作物DUS测试样品接收登记表

共　　页　　第　　页

<table>
<tr><td>送样方式</td><td>□邮寄　□面送</td><td>送样单位</td><td></td><td>送样人</td><td colspan="2"></td><td>送样电话</td><td></td><td>接样方式</td><td>□A　□B<br>□C　□D</td></tr>
<tr><td>序号</td><td>待测品种名称</td><td>品种类型</td><td>样品编号</td><td>待测样品数量（克/株）</td><td>近似品种名称</td><td>近似样品数量（克/株）</td><td>测试周期</td><td>材料来源</td><td colspan="2">备注</td></tr>
<tr><td></td><td></td><td></td><td></td><td></td><td></td><td></td><td></td><td></td><td colspan="2"></td></tr>
<tr><td></td><td></td><td></td><td></td><td></td><td></td><td></td><td></td><td></td><td colspan="2"></td></tr>
<tr><td></td><td></td><td></td><td></td><td></td><td></td><td></td><td></td><td></td><td colspan="2"></td></tr>
<tr><td></td><td></td><td></td><td></td><td></td><td></td><td></td><td></td><td></td><td colspan="2"></td></tr>
<tr><td></td><td></td><td></td><td></td><td></td><td></td><td></td><td></td><td></td><td colspan="2"></td></tr>
<tr><td></td><td></td><td></td><td></td><td></td><td></td><td></td><td></td><td></td><td colspan="2"></td></tr>
<tr><td colspan="2">接样须知</td><td colspan="9">1. 接样人应逐项认真填写本单，□选择项用“√”划定；无内容划“—”或填写“不详”，未尽内容请在备注栏内注明；对上述内容确认后签字；主测人对其内容进行审核，确认后签字有效。<br>2. 接样方式分为4种：A. 邮局领取；B. 单位代签自取；C. 快递签收；D. 面收。</td></tr>
<tr><td colspan="2">接样人（签名）</td><td></td><td>接样日期</td><td>年　月　日</td><td colspan="2">主测人（签名）</td><td></td><td>日期</td><td colspan="2">年　月　日</td></tr>
</table>

# 附件例5

## 农业农村部植物新品种测试（××）分中心植物品种DUS测试样品流转单

共　　页　　第　　页

| 序号 | 测试编号 | 保藏编号 | 作物种类 | 繁材类型 | 使用结果 | 是否有剩余样品 | 剩余样品量(克/株) | 剩余样品存放位置 | 备注 |
|---|---|---|---|---|---|---|---|---|---|
| | | | | | ×年×月×日定植，成活率为×× | ☑是 □否 | | 活体保存圃××号区 | |
| | | | | | ×年×月×日播种，发芽率为×× | ☑是 □否 | | 分中心冷库××排××号 | |
| | | | | | | | | | |
| | | | | | | | | | |
| | | | | | | | | | |
| | | | | | | | | | |
| 注意事项 | | 1. 样品交接过程中应逐项认真填写本单，无内容划“—”或填写“不详”，未尽内容请在备注栏内注明；对内容确认后签字；<br>2. 领用及使用人员需认真核实样品，并签字确认。 | | | | | | | |
| 业务室（分发人）签字 | | | 测试室（接收人）签字 | | 测试室（使用人）签字 | | | 测试室（接收人）签字 | |
| 转交日期 | | 年　月　日 | | | 业务室（分发人）签字 | | | 确认日期 | 年　月　日 |

# 附件例6

## 农业农村部植物新品种测试（××）分中心植物品种DUS测试样品入圃登记表

共　页　第　页

| 序号 | 品种名称 | 保藏编号 | 作物种类 | 繁材类型 | 入圃繁材数量（株） | 入圃繁材状态 | 入圃保存位置 | 备注 |
|---|---|---|---|---|---|---|---|---|
| | | | | | | | | |
| | | | | | | | | |
| | | | | | | | | |
| | | | | | | | | |
| | | | | | | | | |
| | | | | | | | | |
| 入圃须知 | 1. 样品保管员应逐项认真填写本单，无内容划“—”或填写“不详”，未尽内容请在备注栏内注明；对上述内容确认后签字；<br>2. 入圃繁材状态：无其他情况填写正常，其他情况详细说明。 | | | | | | | |
| 入圃样品总份数 | | 入圃人（签名） | | 校核人（签名） | | 入圃日期 | 年　月　日 | |

# 附件例7

## 农业农村部植物新品种测试（××）分中心样品处理申报单

共　　页　　第　　页

| 序号 | 样品名称 | 作物种类 | 繁材类型 | 处理数量 | 处理原因 | 处理方式 | 退回地址及收件人 | 销毁方法 | 备注 |
|---|---|---|---|---|---|---|---|---|---|
| | | | | | | □退回　□销毁 | | | |
| | | | | | | | | | |
| | | | | | | | | | |
| | | | | | | | | | |
| | | | | | | | | | |
| | | | | | | | | | |
| | | | | | | | | | |
| 注意事项 | | 样品处理申请人应逐项认真填写本单，□选择项用“√”划定；无内容划“—”或填写“不详”，未尽内容请在备注栏内注明；对上述内容确认后签字。 | | | | | | | |
| 申请人（签名） | | | 审核人（签名） | | | 经办人（签名） | | 日期 | 年　月　日 |

## 附件例8

# 农业农村部植物新品种测试（××）分中心无性繁材更新登记表

共　　页　　第　　页

| 序号 | 品种名称 | 保藏编号 | 作物种类 | 繁材类型 | 繁材更新数量（株） | 繁材更新原因 | 更新后繁材保存位置 | 备注 |
|---|---|---|---|---|---|---|---|---|
|  |  |  |  |  |  |  |  |  |
|  |  |  |  |  |  |  |  |  |
|  |  |  |  |  |  |  |  |  |
|  |  |  |  |  |  |  |  |  |
|  |  |  |  |  |  |  |  |  |
|  |  |  |  |  |  |  |  |  |
|  |  |  |  |  |  |  |  |  |
| 注意事项 | 样品保管员应逐项认真填写本单，无内容划“—”或填写“不详”，未尽内容请在备注栏内注明；对上述内容确认后签字。 |  |  |  |  |  |  |  |
| 登记人（签名） |  | 审核人（签名） |  | 更新校核人（签名） |  | 日期 | 年　月　日 |  |

# 附件例9

## ××年度拟石莲属DUS测试品种田间排列种植单

测试员：　　　　　　　登记日期：

| 序号 | 区号 | 品种名称 | 小区行数 | 测试周期 | 第××次重复 | 品种类型 | 备注 |
|---|---|---|---|---|---|---|---|
| | | | | | | | |
| | | | | | | | |
| | | | | | | | |
| | | | | | | | |
| | | | | | | | |
| | | | | | | | |
| | | | | | | | |
| | | | | | | | |

# 附件例10

## ××年度拟石莲属DUS测试品种田间种植平面图

测试员：　　　　　种植日期：

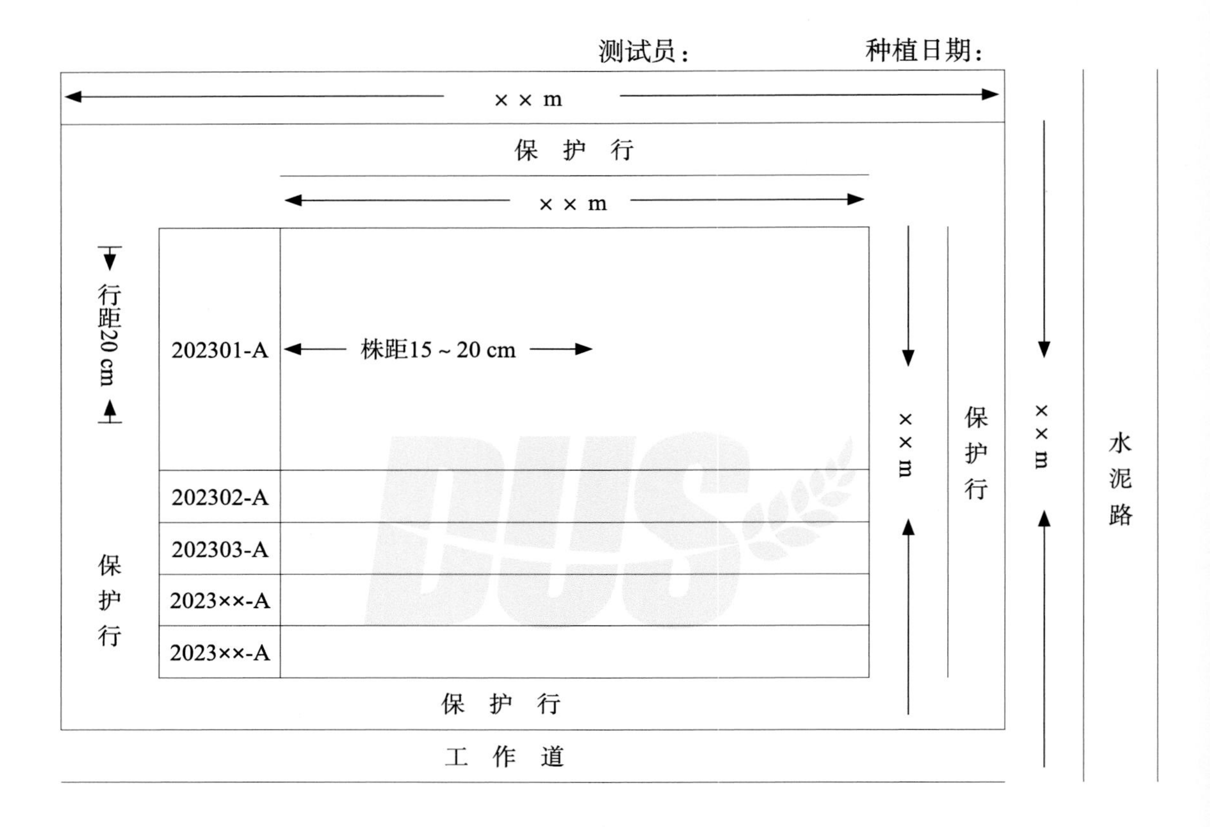

# 附件例11

## 拟石莲属测试品种生育期记录表

| 品种编号 | 日期 | 生育期 | 营养生长期 | 初花期 | 盛花期 |
|---|---|---|---|---|---|
| | | | | | |
| | | | | | |
| | | | | | |
| | | | | | |
| | | | | | |
| | | | | | |
| | | | | | |
| | | | | | |

# 附件例12

## ××年度拟石莲属测试品种目测性状记录表

测试员：

| 性状 | | 品种编号 | | | | |
|---|---|---|---|---|---|---|
| 3 | 植株：分枝数（21） | | | | | |
| 4 | 叶：数量（21） | | | | | |
| 8 | 叶：厚度（21） | | | | | |
| 9 | 叶：形状（21） | | | | | |
| 10 | 叶：先端形状（21） | | | | | |
| 11 | 叶：突尖长度（21） | | | | | |
| 12 | 叶：横截面形状（21） | | | | | |
| …… | …… | | | | | |
| 24 | 叶：边缘波状程度（21） | | | | | |
| 25 | 叶：表面疣凸（21） | | | | | |
| 26 | 仅适用于叶表面具有疣凸的品种<br>叶：疣凸大小（21） | | | | | |

# 附件例13

## ××年度拟石莲属品种测量性状记录表

测试编号:　　　　　　　　　　　　　测试日期:　　　　　　　　　　　　　记录员:

| 性状 | | 1 | 2 | 3 | 4 | …… | 9 | 10 |
|---|---|---|---|---|---|---|---|---|
| 1 | 植株：高度 | | | | | | | |
| 2 | 植株：宽度 | | | | | | | |
| 5 | 叶：长度 | | | | | | | |
| 6 | 叶：宽度 | | | | | | | |
| 7 | 叶：基部宽度 | | | | | | | |

# 附件例14

## ××年度拟石莲属测试品种图像数据采集记录表

测试员：

| 品种编号 | 采集日期 | 拍摄部位 | 植株（始花期） | 植株正面 | 植株侧面 | 叶片 |
|---|---|---|---|---|---|---|
| | | | | | | |
| | | | | | | |
| | | | | | | |
| | | | | | | |
| | | | | | | |
| | | | | | | |
| | | | | | | |

# 附件例15

## ××年度拟石莲属测试品种栽培管理记录及汇总表

测试员：

<table>
<tr><td colspan="8">试验信息</td></tr>
<tr><td>试验地点</td><td></td><td>地块面积</td><td></td><td>试验地土质</td><td></td><td>前茬作物</td><td></td></tr>
<tr><td>区组划分</td><td></td><td>小区面积</td><td></td><td>行距</td><td></td><td>株距</td><td></td></tr>
<tr><td>种植方式</td><td></td><td>定植株数</td><td></td><td>标准品种种植设计</td><td colspan="3"></td></tr>
<tr><td colspan="8">田间管理措施</td></tr>
<tr><td colspan="8">定植日期</td></tr>
<tr><td>浇水</td><td>日期</td><td colspan="6">内容</td></tr>
<tr><td></td><td></td><td colspan="6"></td></tr>
<tr><td></td><td></td><td colspan="6"></td></tr>
<tr><td></td><td></td><td colspan="6"></td></tr>
<tr><td>施肥</td><td>日期</td><td colspan="6">内容</td></tr>
<tr><td></td><td></td><td colspan="6"></td></tr>
<tr><td></td><td></td><td colspan="6"></td></tr>
<tr><td></td><td></td><td colspan="6"></td></tr>
<tr><td>打药</td><td>日期</td><td colspan="6">内容</td></tr>
<tr><td></td><td></td><td colspan="6"></td></tr>
<tr><td></td><td></td><td colspan="6"></td></tr>
<tr><td></td><td></td><td colspan="6"></td></tr>
<tr><td>其他</td><td>日期</td><td colspan="6">内容</td></tr>
<tr><td></td><td></td><td colspan="6"></td></tr>
<tr><td></td><td></td><td colspan="6"></td></tr>
<tr><td></td><td></td><td colspan="6"></td></tr>
</table>

# 附件例16

## 植物品种特异性、一致性和稳定性测试报告

<table>
<tr><td>测试编号</td><td colspan="2">××××</td><td>属或种</td><td colspan="2">拟石莲属Echeveria DC.</td></tr>
<tr><td>品种类型</td><td colspan="2">××××</td><td>测试指南</td><td colspan="2">《植物新品种特异性、一致性和稳定性测试指南 拟石莲属》NY/T 4216—2023</td></tr>
<tr><td>委托单位</td><td colspan="2">××××</td><td>测试单位</td><td colspan="2">农业农村部植物新品种测试（××××）分中心</td></tr>
<tr><td>测试地点</td><td colspan="5">××××</td></tr>
<tr><td rowspan="2">生长周期</td><td colspan="2">第一生长周期</td><td colspan="3"></td></tr>
<tr><td colspan="2">第二生长周期</td><td colspan="3"></td></tr>
<tr><td>材料来源</td><td colspan="5"></td></tr>
<tr><td rowspan="2">有差异性状</td><td>近似品种名称</td><td>有差异性状</td><td>申请品种描述</td><td>近似品种描述</td><td>备注</td></tr>
<tr><td>××××</td><td></td><td></td><td></td><td></td></tr>
<tr><td>特异性</td><td colspan="5">具备特异性</td></tr>
<tr><td>一致性</td><td colspan="5">具备一致性</td></tr>
<tr><td>稳定性</td><td colspan="5">具备稳定性</td></tr>
<tr><td>结论</td><td colspan="5">□特异性　□一致性　□稳定性（√表示具备，×表示不具备）</td></tr>
<tr><td>其他说明</td><td colspan="5"></td></tr>
<tr><td rowspan="2">测试<br>单位</td><td colspan="3">测试员：　　　　日期：<br>测试员建议：</td><td colspan="2" rowspan="2">（盖章）：<br><br>年　月　日</td></tr>
<tr><td colspan="3">审核人：　　　　日期：<br>审核人建议：</td></tr>
</table>

# 性状描述表

| 测试编号 | ×××× | | 测试员 | ××× |
| --- | --- | --- | --- | --- |
| 测试单位 | 农业农村部植物新品种测试（××××）分中心 | | | |
| 性状 | 代码及描述 | | 数据 | |
| 1. 植株：高度 | | | | |
| 2. 植株：宽度 | | | | |
| 3. 植株：分枝数 | | | | |
| 4. 叶：数量 | | | | |
| 5. 叶：长度 | | | | |
| 6. 叶：宽度 | | | | |
| 7. 叶：基部宽度 | | | | |
| 8. 叶：厚度 | | | | |
| ...... | | | | |
| ...... | | | | |
| 25. 叶：表面疣凸 | | | | |
| 26. 仅适用于叶表面具有疣凸的品种 叶：疣凸大小 | | | | |

# 图像描述

| |
| --- |
| |
| 图片描述：××××植株 |

# 附件例17

## 一致性测试不合格结果表

<table>
<tr><td>测试编号</td><td colspan="4">×××</td><td>测试员</td><td>×××</td><td colspan="2">测试时间</td><td></td></tr>
<tr><td>测试单位</td><td colspan="9">农业农村部植物新品种测试（×××）分中心</td></tr>
<tr><td rowspan="2">性状</td><td colspan="3">典型植株</td><td colspan="3">异型株</td><td rowspan="2">调查植株数量（株）</td><td rowspan="2">异型株数量（株）</td><td rowspan="2">备注</td></tr>
<tr><td colspan="2">代码及描述</td><td>数据</td><td colspan="2">代码及描述</td><td>数据</td></tr>
<tr><td></td><td></td><td></td><td></td><td></td><td></td><td></td><td></td><td></td><td>照片</td></tr>
<tr><td></td><td></td><td></td><td></td><td></td><td></td><td></td><td></td><td></td><td></td></tr>
<tr><td></td><td></td><td></td><td></td><td></td><td></td><td></td><td></td><td></td><td></td></tr>
<tr><td></td><td colspan="8"></td><td></td></tr>
</table>

# 附件例18

## 性状描述对比表

| 测试编号 | ××× | 测试员 | ××× |
| --- | --- | --- | --- |
| 近似品种编号 | ×××-A | 近似品种名称 | ×××-B |
| 测试单位 | 农业农村部植物新品种测试（××）分中心 | | |

| 性状 | ×××-A | | | ×××-B | | | 差异 |
| --- | --- | --- | --- | --- | --- | --- | --- |
| | 代码及描述 | | 数据 | 代码及描述 | | 数据 | |
| 1. 植株：高度 | | | | | | | |
| 2. 植株：宽度 | | | | | | | |
| 3. 植株：分枝数 | | | | | | | |
| 4. 叶：数量 | | | | | | | |
| ...... | | | | | | | |
| ...... | | | | | | | |
| 25. 叶：表面疣凸 | | | | | | | |
| 26. 仅适用于叶表面具有疣凸的品种 叶：疣凸大小 | | | | | | | |

# 附件例19

## 农业农村部植物新品种测试（××）分中心<br>关于终止“××××”等×个样品测试的函

××××公司：

贵司于××××年××月委托农业农村部植物新品种测试（××）分中心（以下简称“分中心”）进行植物新品种特异性、一致性和稳定性测试。分中心于××××年××月××日快递签收种苗一批，发现种苗损毁严重，无法正常进行测试，于××××年××月××日与贵司×××联系确认无多余苗可补送。

经双方商榷，决定在××××年××月DUS测试中终止××××等×个样品的委托测试。特此函告！

农业农村部植物新品种测试（××）分中心

××××年××月××日